Adobe Flash Professional CC
经典教程

〔美〕Adobe 公司 著　　孙腾霄 牛国庆 译

U0313555

人民邮电出版社
北 京

图书在版编目（ＣＩＰ）数据

Adobe Flash Professional CC经典教程 / 美国
Adobe公司著；孙腾霄，牛国庆译. -- 北京 ：人民邮电
出版社，2014.3（2018.8 重印）
ISBN 978-7-115-34360-4

Ⅰ. ①A… Ⅱ. ①美… ②孙… ③牛… Ⅲ. ①动画制
作软件—教材 Ⅳ. ①TP391.41

中国版本图书馆CIP数据核字(2014)第001812号

版 权 声 明

内 容 提 要

本书由 Adobe 公司编写，是 Adobe Flash CC 软件的正规学习用书。全书共分为 11 课，每一课先提出要介绍的知识点，然后借助具体的示例进行讲解，步骤详细，重点明确，手把手教你如何进行实际操作。全书是一个有机的整体，涵盖了 Adobe Flash CC 的工作流程、处理图形、创建和编辑元件、添加动画、制作形状的动画和使用遮罩、创建交互式导航、处理声音和视频、加载和显示外部内容、使用变量和控制可见属性、发布到 HTML5，以及发布 Flash 文档，并在适当的地方穿插介绍了 Adobe Flash CC 中的最新功能。

本书语言通俗易懂并配以大量的图示，特别适合 Flash 新手阅读；有一定使用经验的用户从中也可学到大量高级功能和 Flash CC 新增的功能。本书也适合各类相关培训班学员及广大自学人员参考。

◆ 著　　　　[美]Adobe 公司
　　译　　　　孙腾霄　牛国庆
　　责任编辑　赵　轩
　　责任印制　程彦红　杨林杰
◆ 人民邮电出版社出版发行　　北京市丰台区成寿寺路 11 号
　　邮编　100164　　电子邮件　315@ptpress.com.cn
　　网址　http://www.ptpress.com.cn
　　大厂聚鑫印刷有限责任公司印刷
◆ 开本：800×1000　1/16
　　印张：17.75
　　字数：416 千字　　　　　　2014 年 3 月第 1 版
　　印数：6201 – 6800 册　　　2018 年 8 月河北第 4 次印刷
　　著作权合同登记号　图字：01-2013-8459 号

定价：39.00 元（附光盘）
读者服务热线：(010)81055410　印装质量热线：(010)81055316
反盗版热线：(010)81055315
广告经营许可证：京东工商广登字 20170147 号

前　言

Adobe Flash Professional CC 为创建交互式多媒体应用提供了功能全面的创作和编辑环境，广泛应用于创建极具吸引力的各种工程，集丰富的视频、声音、图形和动画于一体；可以在 Flash 中创建原创内容，或从其他 Adobe 应用（Photoshop 或 Illustrator）中导入作品，从而快速地设计动画和多媒体项目，还可以使用 Adobe ActionScript 3.0 开发高级交互式项目。

使用 Flash Professional CC 可以建立完全原创、令人身临其境的网站和独立于浏览器的桌面应用，还可以创建应用于 Android、iOS 系统的手机应用。

对动画的优秀控制能力，直观而又灵活的绘图工具及面向对象编程的强大语言，都使得 Flash 成为实现创作设计的最强大环境之一。

关于经典教程

在 Adobe 产品专家的支持下，本书已成为 Adobe 图形和出版软件官方培训系列图书之一。

课程经过精心设计，方便读者按照自己的节奏进行阅读。如果读者是 Adobe Flash 初学者，可从本书中学到该程序所需的基础知识和操作；如果读者有一定的 Adobe Flash 使用经验，将会发现本书介绍了许多高级技能，包括针对最新版本软件的使用技巧和操作提示。

本书不仅在每节课程中提供完成特定工程的具体步骤，还为读者预留了探索和试验的空间。读者可以按顺序阅读全书，也可以针对个人兴趣和需要阅读对应章节。而且，每节课程都包含了复习部分，可总结该课程的内容。

Adobe Flash Professional CC 的新功能

本书为读者提供了使用软件新功能和升级操作的机会，具体如下：

* 技术感更强的全新用户界面

* 可在全屏模式下操作

* 将元件和位图分布于框架中

* 可映射多个符号和位图

- 提高 Photoshop 文件和 Illustrator 文件导入的功能

- 重新设计并改善了操作面板

- 响应更敏捷、更为流畅的绘图和编辑环境

- 可使用 Adobe Media Encoder 导出视频

- 可使用锚点调整"舞台"的大小

- 为 CreateJS 提供了集成的 ToolKit，可将动画发布到 HTML5 和 Java Script

- 强大的测试工具，如使用 Adobe Scout 通过 USB 或 SWF 进行设备测试

- 使用 Creative Cloud 将首选项同步到多个设备中

精简的功能资源集合

为了提供一个更为集中的创作环境，Adobe Flash Professional CC 精简了自身的功能资源，与以往版本相比，以下为 Adobe Flash Professional CC 精简的主要工具：

- 对 ActionScript1.0 和 ActionScript2.0 的支持功能

- TLF 文本

- 运用变形的动画编辑器

- 反向运动学的骨骼工具

- 装饰工具

- 项目面板

- 打印功能

- 字符串面板

- 行为面板

- 还原对象层

- 场景面板

- 影片浏览器

- 测试影片模式下的带宽配置文件

- FCG 文件的导入或导出功能

- Kuler 面板

- 视频提示点（在 Media Encoder 和 ActionScript 中可用）

- 隐藏字幕

- 在"舞台"上使用 FLV 回放组件进行视频回放的功能

- 设备中心

- 导入 SWF 文件

- 代码片段面板中的链接器功能

- 自动保存功能

- 文件信息（XMP 元数据）

- 对某些位图格式（BMP、TIFF 和 AutoCad）和声音格式（AIFF、Sound Designer、around AU 和 Adobe 的声音文档）的导入支持功能

- 发布功能

必须具备的知识

在使用本书前，请确保已成功安装了 Adobe Flash Professional CC 软件。确保正确使用鼠标、标准菜单和命令，以及如何打开、保存和关闭文件。如果需要复习这些技术，可以参考 Microsoft Windows 或 Apple Mac OS 提供的印刷文档或在线文档。

如果使用 Microsoft Windows 系统，需要下载苹果公司的 QuickTime 软件。

可在 http://www.apple.com/quicktime/download/ 网址免费下载，以便在第 7 课中使用。

另外，还需要下载 Adobe AIR 的免费插件，下载网址为 http://get.adobe.com/air/，以便在第 11 课中发布桌面应用。

安装 Flash

需要购买 Adobe Creative Cloud 下的 Adobe Flash Professional 软件。以下为设备系统需满足的最低要求。

Windows

- IntelPentium4、Intel Centrino、Intel Xeon 或 Intel Core Duo（或便携式）处理器

- 64 位 Microsoft Windows 7 或 32 位 Microsoft Windows 7

- 2GB 内存（建议使用 4GB 内存）

- 1024 像素 ×768 像素分辨率（建议使用 1280×800）

- Java Runtime Environment 1.7（已包含）

- 推荐使用 QuickTime 10.x 软件

- 2GB 可用硬盘空间用于安装软件，但安装过程中需要额外的可用空间（无法安装在可移动闪存设备上）

- 需要连接网络并登入账号才可进行软件激活、订阅验证以及访问在线服务等操作。

- Mac OS

- Intel 多核处理器

- Mac OS X v10.7 版（64 位），或 10.8 版（64 位）。

- 1024 像素 ×768 像素分辨率（建议使用 1280 像素 ×800 像素）

- 2.5GB 可用硬盘空间用于安装软件，但安装过程中需要额外的可用空间（无法安装在使用区分大小写的文件系统卷或可移动闪存设备上）

要安装软件，请登入 https://creative.adobe.com/ 网站并成功登录账号。

复制课程文件

本书课程使用的是指定的源文件，如在 Adobe Illustrator 中创建的图像文件、在 Adobe After Effects 中创建的视频文件和音频文件以及预先准备的 Flash 文档。为了完成本书的课程，要在计算机中创建 FlashPro CC 新文件夹，具体操作如下。

- Windows 系统：单击右键后，选择菜单"新建"＞"文件夹"，将文件夹名称设为 FlashPro CC。

- Mac 系统：在 Finder 中，选择菜单"File"＞"New Folder"，将文件夹名称设为 FlashPro CC。

再从本书附带的光盘中的文件（Lessons 文件）复制到计算机上新建的 FlashPro CC 文件夹内即可。

在开始学习每个课程时，可导航到带有该课程编号的文件夹。在该文件夹中，可找到所有的资源、示例影片以及完成课程所需的其他项目文件。

如果计算机上的存储空间有限，可以根据需要单独复制每个课程文件夹，并在学完之后将其删除。但有些课程基于之前的课程，在这些情况下，将会提供一个对应的起始项目文件，以便开始之后的课程或项目。如果硬盘空间有限，就不需要保存任何已完成的项目。

复制示例影片和工程

在本书的一些课程中，将创建并发布 SWF 动画文件。Lessons 文件夹内的 End 文件夹（01End

和 02End 等）中的文件是每个课程完成项目的示例，如果想把正在进行的工作与示例影片作比较，可以使用其作为参考。每个课程最终文件的大小并不相同，可将其全部复制到硬盘中，如果空间不足，也可在学完每个课程后删除与其对应的最终示例影片。

如何使用这些课程

本书中的每个课程都为创建真实项目中的一个或多个元素提供了循序渐进的指导。一些课程是基于在其之前的课程中创建的项目，而大多数课程都是相对独立的。但就技能和概念而言，所有课程都是相互关联的，因此学习本书最佳的方式是按顺序学习所有课程。另外，在本书中，一些技术和过程只在前几次使用时进行了详细的解释和说明。

本书中课程的组织方式面向项目，而不是面向功能，这意味着可以在多个课程中使用元件，而不是仅在某一章节中使用该元件。

Adobe 认证

Adobe 公司设计了 Adobe 培训和认证项目，以便帮助 Adobe 用户提高和提升自身对软件产品的熟练应用。认证分为 4 级：

- ACA 认证（Adobe Certified Associate）
- ACE 认证（Adobe Certified Expert）
- ACI 认证（Adobe Certified Instructor）
- AATC 认证（Adobe Authorized Training Center）

ACA 认证表示个人可以通过基础的软件技巧，使用不同的数字媒体形式来完成策划、设计、制作以及维持交流能力。

ACE 认证项目则是为专业级别的用户提供更高级别的证书。这样用户可以通过资格认证来获得提薪、寻找工作或提升专业技能的机会。

如果用户已通过 ACE 认证，ACI 项目将会进一步提升个人能力，给予更多的资源。

AATC 认证仅邀请通过 ACI 认证的用户，为这些用户提供关于 Adobe 产品的更多培训课程和资源。

目　录

第**1**课 工作流程

课程概述

在这一课中，将学习如何执行以下任务：
- 在 Flash 中创建新文件
- 调整"舞台"设置和文件属性
- 向"时间轴"中添加图层
- 在"时间轴"中管理关键帧
- 在"库"面板中处理导入的图像
- 在"舞台"上移动和重新定位对象
- 打开和使用面板
- 在"工具"面板中选择和使用工具
- 预览 Flash 动画
- 保存 Flash 文件
- 访问 Flash 的在线资源

 　　完成本课的学习需要不到 1 个小时的时间。先从光盘中将
文件夹 Lesson01 复制到硬盘中。

在 Flash 中，动作发生在"舞台"上，"时间轴"用于组织帧和图层，其他面板允许编辑和控制所创建的内容。

1.1 启动 Flash 并打开文件

第一次启动 Flash 时，将会看到一个欢迎屏幕，其中带有指向标准文件模板、教程及其他资源的链接。在本课程中，将创建一个简单的动画，显示几张度假快照，可添加一些照片和一个标题，并且在这个过程中学习在"舞台"上定位元素，以及沿着"时间轴"放置它们。可学到如何利用"舞台"从空间上管理可视元素，以及如何利用"时间轴"从时间上管理它们。

> **FL** | **注意**：先将光盘中有关这一课的内容复制到电脑中。

1. 启动 Adobe Flash Professional CC。在 Windows 中，选择"开始">"所有程序">"Adobe Flash Professional CC"。在 Mac OS 中，在 Adobe Flash CC 文件夹或 Applications 文件夹中单击 Adobe Flash CC。

> **FL** | **注意**：通过双击一个 Flash（*.fla 或 *.xfl）文件也可以启动 Flash，比如提供用于显示所完成项目的 01End.fla 文件。

2. 选择"文件">"打开"。在"打开"对话框中，选择 Lesson01/01End 文件夹中的 01End.fla 文件，并单击"打开"按钮预览最终的项目。

3. 选择"文件">"发布"。

为了在浏览器里显示最终的动画，Flash 会创建一些必要的文件（一个 HTML 文件和一个 SWF 文件），这些文件被保存在与 .fla 文件相同的文件夹内。

4. 双击生成的 HTML 文件。

此时将会播放一个动画。在播放动画期间，将会逐一显示多张重叠的照片，最后将显示一个标题，如图 1.1 所示。

图1.1

5. 关闭浏览器。

创建一个新文档

要想创建如刚刚所预览的简单动画，首先要新建一个新文档。

1. 在 Flash 中选择"文件" > "新建"。

弹出"新建文档"对话框，如图 1.2 所示。

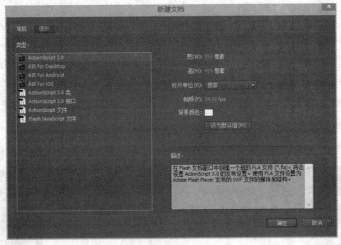

图1.2

2. 在"常规"选项卡中选择 ActionScript 3.0。

ActionScript 3.0 是 Flash 脚本语言的最新版本，可以增加交互性。在本课中，将不会使用 ActionScript，但是选择 ActionScript 3.0 选项所新建的文档能够在桌面浏览器（如 Chrome、Safari 或 Firefox）中使用 Flash 播放器播放。

> **FL** **注意**：此最新版的 Flash 仅支持 ActionScript 3.0。如果需要使用 Action-Script 1.0 或 ActionScript 2.0，就需要使用之前版本的软件。

其他的选项将使文档能够在不同的环境中播放。例如，AIR for Android 和 Air for iOS 选项将会创建能够在 AIR on Android 或苹果移动设备中播放的文档。

3. 在右边的对话框中，通过输入"宽"和"高"的像素值可以设定"舞台"的尺寸。输入"宽"为 800，"高"为 600。保持"标尺单位"选项为"像素"不变，如图 1.3 所示。

保持"帧频"和"舞台"的"背景颜色"选项为默认设置。可以随时更改这些文档属性，本课的后部分会进行讲解。

4. 单击"确定"按钮。

图1.3

Flash 会依照全部指定设置创建一个新的 ActionScript 3.0 文件。

5. 选择"文件" > "保存"。把文件命名为"01_workingcopy.fla"，并从"保存类型"下拉菜单中选择"Flash 文档（*.fla）"，把它保存在 01Start 文件夹中。立即保存文件是一种良好的工作习惯，可以确保当应用程序或计算机崩溃时所做的工作不会丢失。应利用 .fla（如果将其存为 Flash，未压缩文档则为 .xfl）扩展名保存 Flash 文件，以将其标识为 Flash 源文件。

1.2　了解工作区

Adobe Flash Professional CC 的工作区包括位于屏幕顶部的命令菜单以及多种工具和面板，用于在影片中编辑和添加元素。可以在 Flash 中为动画创建所有的对象，也可以导入在 Adobe Illustrator、Adobe Photoshop、Adobe After Effects 及其他兼容应用程序中创建的元素。

默认情况下，Flash 会显示"菜单栏"、"时间轴"、"舞台"、"工具"面板、"属性"检查器、"编辑"栏以及其他面板，如图 1.4 所示。在 Flash 中工作时，可以打开、关闭、停放和取消停放面板，以及在屏幕上四处移动面板，以适应个人的工作风格或屏幕分辨率。

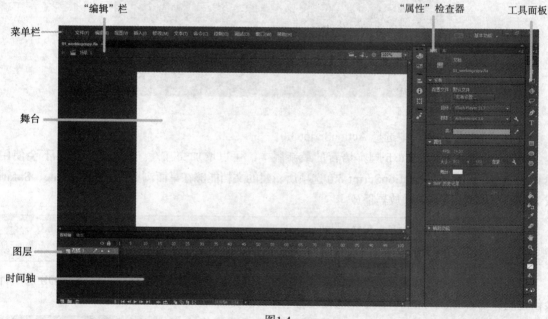

图1.4

1.2.1　选择新工作区

Flash 还提供了几种预置的面板排列方式，他们可能更适合于特定用户的需要。在 Flash 工作区右上方的下拉菜单中或"窗口">"工作区"之下的顶部菜单中列出了多种工作区排列方式。

1. 在 Flash 工作区的右上方单击"基本功能"按钮，并选择一种新的工作区，如图 1.5 所示。这依据多个面板对于特定用户的重要性而重新排列并调整大小。例如，"动画"和"设计人员"

工作区将把"时间轴"置于顶部，使得可以轻松地、频繁地访问它。

2. 如果移动了一些面板，并且希望返回到预先排列的工作区之一的状态，可以选择"窗口">"工作区">"重置"和选择预置工作区的名称。

3. 要返回到默认的工作区，可以选择"窗口">"工作区">"基本功能"。在本书中，将使用"基本功能"工作区。

图1.5

1.2.2 保存工作区

如果发现面板的某种排列方式适合自身的工作风格，就可以保存自定义的工作区。

1. 单击 Flash 工作区右上角的"基本功能"按钮，并选择"新建工作区"，如图 1.6 所示，图中出现"新建工作区"选项。

2. 为新工作区输入一个名称，然后单击"确定"按钮，如图 1.7 所示。

图1.6

图1.7

这样就保存了面板的当前排列方式。把合适的工作区添加到"工作区"下拉菜单中的选项中，以便随时访问。

> **FL** 注意：默认的 Flash 界面是深灰色，可以将其改为上个版本的浅灰色。选择"编辑">"首选参数"，在常规选项中可以更改用户界面为浅灰色。

1.2.3 关于"舞台"

屏幕中间的大白色矩形称为"舞台"，与剧院的舞台一样，Flash 中的"舞台"是播放影片时用户查看的区域，包含出现在屏幕上的文本、图像和视频。要把元素移到"舞台"上或移到"舞台"之外，可以使用标尺工具（"视图">"标尺"）或网格（"视图">"网格">"显示网格"）在"舞台"上定位项目。此外，也可以使用"对齐"面板，以及将在本书的课程中学到的其他工具。

默认情况下，将看到"舞台"外面的灰色区域，可以在其中放置不被用户看到的元素，这个灰色区域称为"粘贴板"。为了只查看"舞台"，可选择"视图">"粘贴板"，取消选择该选项。目前，保持该选项。

要缩放"舞台"使之能够完全放在应用程序窗口中，可选择"视图">"缩放比率">"符合窗口大小"，如图 1.8 所示。也可以从"舞台"上方的弹出式菜单中选择不同的缩放比率视图选项。

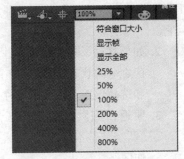

图1.8

1.2.4 更改"舞台"属性

现在来更改"舞台"的颜色。"舞台"的颜色以及其他文档属性，比如"舞台"尺寸和帧频都可以在"属性"检查器中修改，它是位于"舞台"右边的一个垂直面板。

1. 在"属性"检查器底部，注意当前"舞台"的尺寸被设置为 800 像素 ×600 像素，这是在创建新文档时设置的，如图 1.9 所示。

2. 单击"舞台"右边的"背景颜色"按钮，并从调色板中为"舞台"选择一种新颜色。这里选择深灰色（#333333），如图 1.10 所示。

图1.9

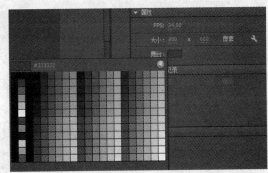

图1.10

"舞台"更换了颜色。可以随时更改"舞台"属性。

1.3 使用"库"面板

可以通过"属性"检查器右边的选项卡访问"库"面板。"库"面板用于存储和组织在 Flash 中创建的元件（symbol）以及导入的文件，包括位图、图形、声音文件和视频剪辑。元件是用于动画和交互性的常用图形。

1.3.1　关于"库"面板

"库"面板允许在文件夹中组织库项目，查看文档中的某个项目多久使用一次，以及按类型对项目进行排序。当导入项目到 Flash 中时，可以把它们直接导入到"舞台"上或导入到库中。不过，导入到"舞台"上的任何项目也会被添加到库中，就像创建的任何元件一样。然后可以轻松地访问这些项目，把它们再次添加到"舞台"上、进行编辑或查看属性。

要显示"库"面板，可选择"窗口">"库"，也可以按 Ctrl+L 组合键（Windows）或 Command+L 组合键（Mac）。

1.3.2　把项目导入到"库"面板中

通常，将直接利用 Flash 的绘图工具创建图形并把它们保存为元件，它们都存储在"库"中。有时也导入 JPEG 图像或 MP3 声音文件等媒体文件，它们也存储在"库"中。在本课程中，将把 JPEG 图像导入到"库"中，以便在动画中使用。

1. 选择"文件">"导入">"导入到库"。在"导入到库"对话框中，选择 Lesson01/01Start 文件夹中的 background.jpg 文件，并单击"打开"按钮。

Flash 将导入所选的 JPEG 图像，并把它存放在"库"面板中。

2. 导入 01Start 文件夹中的 photo1.jpg、photo2.jpg 和 photo3.jpg 图像。不要导入图像 photo4.jpg，在本课程的后部分才会使用到。

可以按住 Shift 键选择多个文件，并同时导入所有文件。

3. "库"面板将显示所有导入的 JPEG 图像，以及它们的文件名和缩略图预览，如图 1.11 所示。现在就可以在 Flash 文档中使用这些图像。

图1.11

1.3.3　从"库"面板中添加项目到"舞台"上

要使用导入的图像，只需把它从"库"面板中拖到"舞台"上即可。

1. 如果还没有打开"库"面板，可选择"窗口">"库"将其打开。

2. 在"库"面板中选择 background.jpg 项目。

3. 把 background.jpg 项目拖到"舞台"上，并放在"舞台"中大约中央的位置，如图 1.12 所示。

图1.12

1.4　了解"时间轴"

"时间轴"位于"舞台"下方。像电影一样，Flash 文档以帧为单位度量时间。在影片播放时，播放头（如红色垂直线所示）在"时间轴"中向前移动。可以为不同的帧更改"舞台"上的内容。要在"舞台"上显示帧的内容，可以在"时间轴"中把播放头移到比帧上。

在"时间轴"的底部，Flash 会指示所选的帧编号、当前帧频（每秒钟播放多少帧），以及迄今为止在影片中所流逝的时间，如图 1.13 所示。

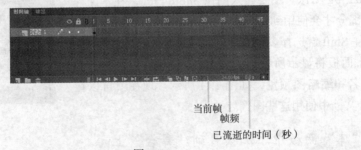

当前帧
帧频
已流逝的时间（秒）

图1.13

"时间轴"还包含图层，它有助于在文档中组织作品，如图 1.14 所示。当前项目只含有一个图层，为图层 1。可以把图层看做堆叠在彼此上面的多个幻灯片。每个图层都包含一幅出现在"舞台"上的不同图像，可以在一个图层上绘制和编辑对象，而不会影响另一个图层上的对象。图层按它们出现在"时间轴"中的顺序堆叠在一起，使得位于"时间轴"中底部图层上的对象将出现在"舞台"上的对象的底部。单击图层选项图标下方的每个图层的圆点，可以隐藏、锁定或只显示图层内容轮廓。

图层名　锁定 / 解锁图层

显示 / 隐藏图层

显示图层轮廓

图1.14

1.4.1 重命名图层

一种好的做法是把内容分隔在不同的图层上，并命名每个图层以指示其内容，使得以后可以轻松地查找所需的图层。

1. 在"时间轴"中选择现有的图层。

2. 双击图层的名称并重命名为"background"。

3. 在名称框外单击，应用新名称，如图 1.15 所示。

图1.15

4. 单击锁形图标下面的原点锁定图层。锁定图层可以防止意外更改，如图 1.16 所示。

图1.16

图层名称后面带有斜线的铅笔图标表示此图层已经锁定，无法对其进行编辑。

1.4.2 添加图层

新的 Flash 文档只包含一个图层，但是可以根据需要添加许多图层。顶部图层中的对象将叠盖住底部图层中的对象。

1. 在"时间轴"中选择 background 图层，如图 1.17 所示。

图1.17

2. 选择"插入">"时间轴">"图层"，也可以单击"时间轴"下面的"新建图层"按钮。新图层将出现在 background 图层上面。

3. 双击新图层并重命名为"photo1"。在名称框外单击，应用新名称。

"时间轴"现在具有两个图层。Background 图层包含背景照片，位于其上的新创建的 photo1 图层是空的。

4. 选择顶部名为 photo1 的图层。

5. 如果"库"面板还没有打开，可选择"窗口">"库"将其打开。

6. 从"库"面板中把名为 photo1.jpg 的库项目拖到舞台上，如图 1.18 所示。
photo1 JPEG 图像将出现在"舞台"上，并且会叠盖住背景 JPEG 图像。

图1.18

7 选择"插入">"时间轴">"图层"或单击"时间轴"下面的"新建图层"按钮（图），添加第三个图层。

8. 把第三个图层重命名为"photo2"，如图 1.19 所示。

图1.19

处理图层

如果不想要某个图层，可以轻松地删除，方法是选取并单击"时间轴"下面的"删除"按钮，如图1.20所示。

如果想重新排列图层，只需简单地单击并拖动任何图层，将其移到图层组中的新位置即可。

图1.20

1.4.3 插入帧

现在，在"舞台"上有一张背景图片以及另一张重叠的图片，但是整个动画只会存在单个帧的时间。要在"时间轴"上创建更多的时间，必须添加额外的帧。

1. 在 background 图层中选择第 48 帧，如图 1.21 所示。

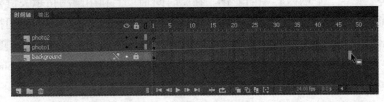

图1.21

2. 选择"插入">"时间轴">"帧"（F5 键），也可以单击右键（Windows）或按住 Ctrl 键并单击（Mac），然后从弹出的上下文菜单中选择"插入帧"，如图 1.22 所示。

Flash 将在 background 图层中添加帧，直到所选的位置（第 48 帧）。

图1.22

3. 在 photo1 图层中选择第 48 帧。

4. 选择"插入">"时间轴">"帧"（F5 键），也可以单击右键（Windows）或按住 Ctrl 键并单击（Mac），然后从上下文菜单中选择"插入帧"。

Flash 将在 photo1 图层中添加帧，直到所选的位置（第 48 帧）。

5. 在 photo2 图层中选择第 48 帧，并向这个图层中插入帧，如图 1.23 所示。

现在具有 3 个图层，它们在"时间轴"上全都有 48 个帧。由于 Flash 文档的帧频是 24 帧 / 秒，因此目前的动画将持续 2 秒钟的时间。

图1.23

选取多个帧

就像可以按住Shift键在桌面上选取多个文件一样，也可以按住Shift键在Flash的"时间轴"上选取多个帧。如果具有多个图层，并且希望在所有图层中都插入一些帧，则可按住Shift键，并在所有图层中希望添加帧的位置单击，然后选择"插入">"时间轴">"帧"。

1.4.4　创建关键帧

关键帧只是"舞台"上的内容中的变化。在"时间轴"上利用圆圈指示关键帧，空心圆圈表示在特定的时间特定的图层中没有任何内容，实心黑色圆圈则表示在特定的时间特定的图层中具有某些内容，如图 1.24 所示。例如，background 图层在第 1 帧中包含一个实心关键帧（黑色圆圈），photo1 图层也在第 1 帧中包含一个实心关键帧。这两个图层都包含图片，不过，photo2 图层在第 1 帧中包含一个空心关键帧，这表示它目前是空的。

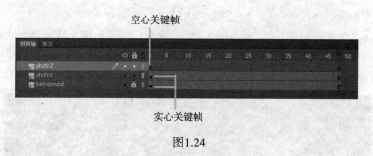

图1.24

在 photo2 图层中，将在所希望显示下一张图片的位置插入一个关键帧。

1. 在 photo2 图层上选择第 24 帧。在选择一个帧时，Flash 将会在"时间轴"下面显示帧编号，如图 1.25 所示。

图1.25

2. 选择"插入" > "时间轴" > "关键帧"（F6 键），如图 1.26 所示。
新的关键帧（空心圆圈表示）将出现在 photo2 图层中的第 24 帧中。

图1.26

3. 在 photo2 图层中的第 24 帧处选择新的关键帧。

4. 从"库"中把 photo2.jpg 项目拖到舞台上。

第 24 帧中的空心圆圈将变成实心圆圈，表示 photo2 图层中现在有了内容。在第 24 帧有一张图片出现在"舞台"上。可以从"时间轴"上面单击红色播放头并把它拖到"偏远位置"，或显示沿着"时间轴"的任意位置在"舞台"上所发生的事情。会看到背景图片和 photo1 沿着整个"时间轴"都会保持在"舞台"上，而 photo2 则只会出现在第 24 帧，如图 1.27 所示。

图1.27

理解帧和关键帧是掌握 Flash 所必需的。一定要理解 photo2 图层包含的 48 个帧，并且带有两个关键帧，一个是位于第 1 帧的空白关键帧；另一个是位于第 24 帧的实心关键帧，如图 1.28 所示。

图层 photo2 在第 1 到 23 帧是空的　　图层 photo2 在第 24 到 48 帧是有内容的

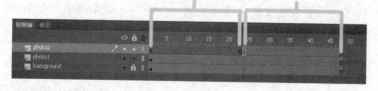

图1.28

1.4.5　移动关键帧

如果希望延迟或提早显示 photo2.jpg，则需要移动关键帧，使其沿着"时间轴"延迟或提前出现。可以沿着"时间轴"轻松地移动任何关键帧，只需要选择并拖动关键帧到一个新位置即可。

1. 选择 photo2 图层上第 24 帧中的关键帧。

2. 移动光标，将会看到光标旁的一个方框图标，它表示可以重新定位关键帧。

3. 在 photo2 图层中，单击并拖动关键帧到第 12 帧，如图 1.29 所示。

图1.29

现在，photo2.jpg 将提前出现在"舞台"上的动画中，如图 1.30 所示。

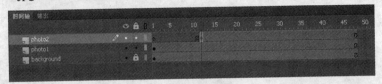

图1.30

删除关键帧

如果想删除关键帧，不要按 Delete 键，这样做将删除"舞台"上的关键帧的内容。应该选取关键帧，然后选择"修改">"时间轴">"清除关键帧"（Shift+F6 组合键），这样将从"时间轴"中删除关键帧。

1.5 在"时间轴"中组织图层

此时，正在工作的 Flash 文件只有 3 个图层，即 background 图层、photo1 图层和 photo2 图层。要为这个项目添加额外的图层，并且像大多数项目一样，最终将不得不管理多个图层。图层文件夹有助于组合相关的图层，使"时间轴"保持为有组织的并且是易于管理的，可以把它视为桌面上的相关文档创建文件夹。尽管创建文件夹需要花费一些时间，但是往后可以节省时间，因为已经准确地寻找到特定的图层。

1.5.1 创建图层文件夹

对于这个项目，将继续为额外的图片添加图层，并且将把这些图层存放在图层文件夹中。

1. 选择 photo2 图层，并单击"新建图层"按钮（ ）。

2. 把该图层命名为"photo3"。

3. 在第 24 帧插入一个关键帧。

4. 从"库"中把 photo3.jpg 拖到"舞台"上，如图 1.31 所示。

现在有 4 个图层。上面的 3 个图层包含来自科尼岛的风景图片，它们出现在不同的关键帧中。

图1.31

5. 选择 photo3 图层，并单击"新建文件夹"图标（■）。

新的图层文件夹将出现在 photo3 图层上面。

6. 把该文件夹命名为"photos"，如图 1.32 所示。

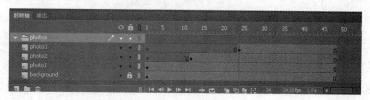

图1.32

1.5.2　在图层文件夹中添加图层

现在将把各个图片图层添加到 photos 文件夹中。在安排图层时，记住 Flash 将会按照各个图层出现在"时间轴"中的顺序来显示，上面的图层出现在前面；下面的图层则出现在后面。

1. 把 photo1 图层拖到 photos 文件夹中，如图 1.33 所示。

注意粗线条只是图层的目的地。当把图层放在文件夹内时，图层名称将变成缩进形式。

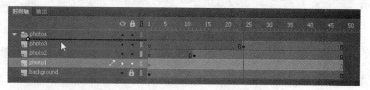

图1.33

2. 把 photo2 图层拖到 photos 文件夹中。

3. 把 photo3 图层拖到 photos 文件夹，如图 1.34 所示。

现在 3 个图层都位于 photos 文件夹中。

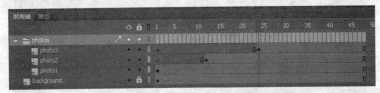

图1.34

可以通过单击箭头折叠文件夹，再次单击箭头可展开文件夹。如果删除一个图层文件夹，那么也会删除此图层文件夹内的所有图层。

1.5.3 更改"时间轴"的外观

可以调整"时间轴"的外观以适应工作流程。如果想查看更多的图层，可以从"时间轴"右上角的"帧试图"弹出式菜单中选择"较短"。"较短"命令将会减小帧单元格的高度。"预览"和"关联预览"选项将显示"时间轴"中的关键帧内容的缩略图版本。

也可以通过选择"很小"、"小"、"标准"、"中"或"大"命令更改帧单元格的宽度，如图 1.35 所示。

图1.35

剪切、粘贴和复制图层

当管理多个图层和图层文件夹时，可以通过使用剪切、粘贴和复制图层命令来使工作流程更加简单和有效率。被选中的图层的所有属性都会被复制和粘贴，包括帧、关键帧、所有动画以及图层名和类型。可以复制并粘贴任何图层文件夹及其内容。

要剪切或复制图层或图层文件夹，先选中它们，然后用鼠标右键单击（Windows）或按住Ctrl并单击（Mac）图层，在弹出的上下文菜单中选择"剪切图层"或"拷贝图层"。

再次用鼠标右键单击（Windows）或按住Ctrl并单击（Mac）"时间轴"，选择"粘贴图层"命令，被复制或剪切的图层就会被粘贴到"时间轴"中。使用"复制图层"命令可以同时复制并粘贴图层。

可以从顶部Flash菜单"剪切"、"粘贴"或"复制"图层。选择"编辑"＞"时间轴"＞"剪切图层"、"拷贝图层"、"粘贴图层"或"复制图层"即可。

1.6 使用属性检查器

"属性"检查器允许快速访问最可能需要的属性。"属性"检查器中显示的内容依赖于选取的内容。例如，如果没有选取任何内容，"属性"检查器中将包括用于常规 Flash 文档的选项，包括更改"舞台"颜色和尺寸等；如果选取"舞台"上的某个对象，"属性"检查器将会显示它的 x 坐标和 y 坐标，以及它的高度和宽度，还包括其他一些信息。可使用"属性"检查器移动舞台上的图片。

在"舞台"上定位对象

利用"属性"检查器移动图片，还可使用"变形"面板旋转图片。

1. 在 photo1 图层中，在"时间轴"的第 1 帧处选择已拖到"舞台"上的 photo1.jpg。蓝色框线表示选取的对象。

2. 在"属性"检查器中，将 x 值输入"50"，y 值输入"50"，然后按 Enter（Windows）或 Return（Mac）键应用这些值，如图 1.36 所示。也可以简单地在 x 值和 y 值上单击并拖动鼠标，来更改图片的位置，图片将移动到"舞台"的左边。

> **FL** 注意：如果"属性"检查器没有打开，选择"窗口">"属性"，也可以按 Ctrl+F3 组合键（Windows）或 Command+F3 组合键（MacOS）来打开"属性"检查器。

图1.36

从"舞台"的左上角度量 x 值和 y 值。x 开始于 0，并向右增加；y 开始于 0，并向下增加。导入图片的定位点（registration point）位于图片左上角。

3. 选择"窗口">"变形"，打开"变形"面板。

4. 在"变形"面板中，选择"旋转"，并在"旋转"框中输入"-12"，或在这个值上单击并拖动来更改旋转角度。然后按 Enter（Windows）或 Return（Mac）键来应用这个值。

"舞台"上选中的图片将逆时针旋转 12°，如图 1.37 所示。

图1.37

5. 选择 photo2 图层的第 12 帧，单击"舞台"上的 photo2.jpg。

6. 使用"属性"检查器和"变形"面板以一种有趣的方式定位和旋转第二张图片。设置 *x* 值为 80，*y* 值为 50，"旋转"值为 6，使之与第一张图片产生某种对比效果，如图 1.38 所示。

图1.38

7. 选择 photo3 图层的第 24 帧，单击"舞台"上的 photo3.jpg。

8. 使用"属性"检查器和"变形"面板以一种有趣的方式定位和旋转第三张图片。设置 *x*=120、*y*=55，"旋转"值为 -2，现在所有的图片看起来都不一样了，如图 1.39 所示。

> **FL** **注意：**在 Flash 中缩放或旋转图片时，它们可能呈现出锯齿状，可以通过在"库"面板中双击位图图标来平滑，在出现的"位图属性"对话框中，选中"允许平滑"选项即可。

图1.39

使用面板

在Flash中所做的任何事情几乎都会涉及面板。在本课程中，要使用"库"面板、"工具"面板、"属性"检查器、"变形"面板、"历史记录"面板和"时间轴"。在以后的课程中，将使用"动作"面板、"颜色"面板、"对齐"面板以及其他可以控制项目不同方面的面板。由于这些面板是Flash工作区的一个组成部分，因此需要学会如何管理面板。

要在Flash中选取打开面板，可以从"窗口"菜单中选择其名称。

默认情况下，"属性"检查器、"库"面板和"工具"面板将一起出现在屏幕右边，"时间轴"出现在下方，而"舞台"出现在上方。不过，可以把面板移到便于执行工作的任意位置。

图1.40

- 要从屏幕右边取消停放某个面板，可以把它的选项卡拖到一个新位置。

- 要停放某个面板，可以拖动它的选项卡，使其停放在屏幕上的一个新位置。可以将它向上或向下拖动，或在其他面板之间拖动。蓝色突出标记表示可以停放面板的位置。

- 要把一个面板与另一个面板组合在一起，可以把它的选项卡拖到另一个面板的选项卡上。

- 要移动一个面板组，可以拖动面板组上面的深灰色条。

也可以选择把大多数面板显示为图标以节省空间，但是仍会保持快速访问能力。单击面板右上方的箭头，可以把面板折叠成图标，再次单击该箭头，即可展开面板，如图1.40所示。

1.7 使用"工具"面板

图 1.41 所示为"工具"面板，位于工作区最右侧，包含选择工具、绘图和文字工具、着色和编辑工具、导航工具以及其他工具选项。将频繁地使用"工具"面板来切换各种工具，最常用的是"选择"工具，即在"工具"面板顶部的黑色箭头工具，用来选择"时间轴"或"舞台"上的项目。选择了一个工具之后，在面板底部的选项区域会有更多的选项和设置。

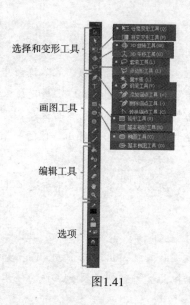

选择和变形工具

画图工具

编辑工具

选项

图1.41

选择和使用工具

当选择一种工具时，"工具"面板底部可用的选项以及"属性"检查器将会发生变化。例如，当选择"矩形"工具时，将会出现"对象绘制"模式和"贴紧至对象"选项。当选择"缩放"工具时，将会出现"放大"和"缩小"选项。

"工具"面板中包含许多工具，以至于不能同时显示。有些工具在"工具"面板中被分成组，在一个组中只会显示上一次选择的工具。工具按钮右下角的小三角形表示在这个组中还有其他工具。单击并按住可见工具的图标，即可查看其他可用的工具，然后从弹出式菜单中选择一种工具。

可以使用"文本"工具向动画中添加一个标题。

1. 在"时间轴"中选择最上面的图层，然后单击新建图层按钮。

2. 把新图层命名为"text"。

3. 锁定其下的其他图层，使得不会意外地把任何内容移入其中。

4. 在"时间轴"中，把播放头移到第 36 帧，并在 text 图层中选择第 36 帧。

5. 选择"插入">"时间轴">"关键帧"（F6 键），在 text 图层中的第 36 帧插入一个新的关键帧，如图 1.42 所示。

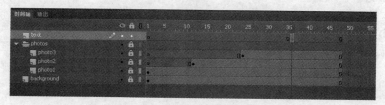

图1.42

6. 在"工具"面板中，选择"文本"工具，大写字母"T"表示该工具。

7. 在"属性"检查器中，从下拉菜单中选择"静态文本"。

"静态文本"是用于显示简单文字的选项（只读）。"动态文本"和"输入文本"用于更具交互性目的的特殊文本选项，可以利用 ActionScript 进行控制。

8. 在"属性"检查器中选择字体和大小。个人的计算机可能没有与本课程中所显示的字体完全相同的字体，但是选择一种外观上接近的字体即可。

9. 在"属性"检查器中单击彩色方格，选择一种文本颜色。可以单击右上角的色轮，访问 Adobe Color Picker（拾色器），或更改右上角的 Alpha 百分比，确定透明度，如图 1.43 所示。

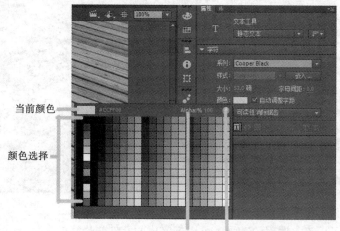

图1.43

10. 确保选择了标题图层的第 36 帧中的空白关键帧，然后在"舞台"上要添加文本的地方单击。可以单击并输入文本，也可以单击并拖动以定义文本框的宽度后再输入文本。

11. 输入一个标题，用于描述在"舞台"上显示的图片，如图 1.44 所示。

图1.44

12. 通过选取"选择"工具（▨）退出"文本"工具。

13. 可以使用"属性"检查器或"变形"面板在"舞台"上重新定位或旋转文本，如图1.45 所示。也可以使用选择工具把文本拖曳到一个新的位置，拖曳文本时，"属性"检查器里的 x 值和 y 值也会随时更新。

图1.45

14. 现在就完成了用于本课程的动画，可以把完成的文件与最终的文件 01End.fla 作比较。

1.8 在 Flash 中撤销执行的步骤

在理想世界中，所有的一切都按计划进行，但是，有时会需要回退一步或两步，并重新开始。在 Flash 中，可以使用"撤销"命令或"历史记录"面板撤销执行的步骤。

要在 Flash 中撤销单个步骤，可选择"编辑" > "撤销"，也可以按 Ctrl+Z 组合键（Windows）或 Command+Z 组合键（Mac）。要重做已经撤销的步骤，可选择"编辑" > "重做"。

要在 Flash 中撤销多个步骤，最简单的方法是使用"历史记录"面板，它会显示自打开当前文档起执行的 100 个步骤的列表。关闭文档就会清除其历史记录，要访问"历史记录"面板，可选择"窗口" > "历史记录"。

例如，如果对最近添加的文本不满意，就可以撤销所做的工作，并把 Flash 文档返回到以前的状态。

1. 选择"编辑" > "撤销"，撤销所执行的最后一个动作。可以多次选择"撤销"命令，回退"历史记录"面板中列出的许多步骤。可以选择"编辑" > "首选参数"，更改"撤销"命令的最大数量。

2. 选择"窗口" > "历史记录"，打开"历史记录"面板，如图 1.46 所示。

3. 把"历史记录"面板的滑块向上拖动到犯错误之前的步骤，在"历史记录"面板中，那个位置以下的步骤将会灰显，并将从项目中被删除。要添加回某个步骤，可以向下移动滑块，如图 1.47 所示。

图1.46　　　　　　　　　　　　　图1.47

1.9　预览影片

在处理项目时，好的做法是频繁地预览，以确保实现了想要的效果。要快速查看动画或影片在观众眼里的样子，可以选择"控制" > "测试影片" > "在 Flash Professional 中"，也可以按 Ctrl+Enter（Windows）组合键 /Command+Return（Mac）组合键预览影片。

1. 选择"控制" > "测试影片" > "在 FlashProfessional 中"，如图 1.48 所示。

Flash 将在与 FLA 文件相同的位置创建一个 SWF 文件，然后在单独的窗口中打开并播放该文件。SWF 文件是将上传到 Web 并在桌面浏览器中播放的压缩过的、发布的文件。

图1.48

Flash 会在这种预览模式下自动循环播放影片。如果不想让影片循环播放,可选择"控制" > "循环",取消选中该项。

2. 关闭预览窗口。

3. 利用"选择"工具在"舞台"上单击。注意在"属性"检查器底部,
   "SWF 历史记录"中显示并保存了最近发布的 SWF 文件的文
   件大小、日期和时间,这有助于跟踪工作进度和文件的修订
   情况,如图 1.49 所示。

图1.49

1.10 修改内容和"舞台"

在开始学习本课时,以 800 像素 ×600 像素创建了一个舞台。然而,之后的客户可能会需要不同大小的动画来适应不同的布局。例如,他们需要一个更小的、具有不同长宽比的版本作为横幅广告。或需要一个运行在 AIR 或 Android 设备上的、具有不同大小的版本。

幸运的是,即使所有的内容都放置完毕,也可以修改"舞台"。当修改"舞台"大小时,Flash 提供了缩放"舞台"上的内容的选项,可以成比例地自动缩小或放大所有内容。

改变"舞台"大小和内容缩放

将使用不同的"舞台"大小创建这个动画项目的另一个版本。

1. 在"属性"检查器中,可以看到当前"舞台"的大小被设置
   为 800 像素 ×600 像素。单击"舞台"大小旁边的"编辑"
   按钮 ,如图 1.50 所示。

   出现"文档设置"对话框。

图1.50

2. 在"宽"和"高"文本框中,输入新的像素大小。"宽"输入 400,"高"输入 300。
   输入了新的"宽"和"高",缩放"舞台"上内容的选项就变成可选择的了。

3. 选中"缩放内容"选项,如图 1.51 所示。

4. 保持"锚记"选项不变。

"锚记"选项可以在新"舞台"比例不同时,提供选择更改大小
之后的内容的位置。

5. 单击"确定"按钮。

Flash 将修改"舞台"大小,并自动调整所有内容的大小。如果
新的大小与原始的大小不成比例,Flash 将会最大化地调整所有的内
容以使其适应新的大小。也就是说如果新"舞台"比原来的宽,那么
在"舞台"右边将会有多余的空间。如果新"舞台"比原来的更高,
那么在"舞台"的底部将会有多余的空间。

图1.51

6. 选择"文件" > "另存为" > "FlashDocument",并命名为 01_workingcopy_resized.fla。

现在有两个 Flash 文件，内容相同但"舞台"大小不同。关闭这个文件并且重新打开 01_ workingcopy.fla 来继续学习本课。

1.11　保存影片

有句关于多媒体作品的俗语叫"早保存，常保存。"应用程序、操作系统和硬件的崩溃总是发生得特别频繁，而且总是在意想不到并且特别不合适的时候。所以经常保存影片来保证当崩溃发生时，不会损失太多。

> **FL**　注意：如果在打开的文档中有未保存的修改，Flash 将在文档窗口最上方的文件名后面加上一个星号来提醒。

Flash 能极大地减轻这种丢失工作的担忧。为了预防崩溃，"自动恢复"功能将会创建一个备份文件。

1.11.1　使用"自动恢复"来备份

"自动恢复"功能是针对 Flash 应用程序的所有文档的一项首选参数。

"自动恢复"功能所保存的备份文件可以在崩溃时有另外一个可选的恢复文件。

1. 选择"编辑">"首选参数"

出现"首选参数"对话框。

2. 从左侧边栏选择"常规"选项卡。

3. 选中"自动恢复"选项，并且输入一个 Flash 创建备份文件的间隔时间（分钟），如图 1.52 所示。

4. 单击"确定"。

Flash 将会在备份文件的文件名开头加上"RECOVER_"并保存在与原来文件相同的位置。这个文件在文档被打开期间一直存在，当关闭文档或安全退出 Flash 的时候这个文件将会被删除。

图1.52

1.11.2　保存 XFL 格式文档

虽然已经将 Flash 影片保存为 FLA 文件，但是也可以选择以一种未压缩的格式（称为 XFL 格式）来保存影片。XFL 格式实际上是文件的文件夹，而不是单个文档。XFL 文件格式将展示 Flash 影片的内容，使得其他开发人员或动画师可以轻松地编辑文件或资源，无需在 Flash 应用程序中打开影片。例如，"库"面板中所有导入的图片都会出现在 XFL 格式内的一个 LIBRARY 文件夹中。可以编辑库图片或使用新图片来替换它们，Flash 将自动在影片中进行这些替换操作。

1. 打开 01_workingcopy.fla 文件，选择"文件">"另存为"。

2. 将文件命名为"01_workingcopy.xfl"并且选择"Flash 未压缩文档 (*.xfl)"。然后单击"保存"按钮，如图 1.53 所示。

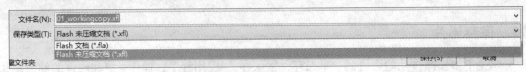

图1.53

Flash 将创建一个名为"01_workingcopy"的文件夹，其中包含了 Flash 影片的所有内容。

3. 选择"文件" > "关闭"，关闭 Flash 文档。

1.11.3 修改 XFL 文档

在这一步中，可修改 XFL 文档的 LIBRARY 文件夹，以更改 Flash 影片。

1. 打开 01_workingcopy 文件夹内的 LIBRARY 文件夹，如图 1.54 所示。该文件夹包含导入到 Flash 影片中的所有图像。

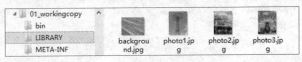

图1.54

2. 选择 photo3.jpg 文件并删除。

3. 从 01Start 文件夹中拖动 photo4.jpg 文件，并把它移到 01_workingcopy 文件夹内的 LIBRARY 文件夹中。然后把 photo4.jpg 重命名为"photo3.jpg"，如图 1.55 所示。

图1.55

用新图像换出 LIBRARY 文件夹中的 photo3.jpg，可自动在 Flash 影片中执行相应的更改。

4. 要打开 XFL 文档，可以双击 .xfl 文件，如图 1.56 所示。

此时，使用替换的 photo4.jpg 图像交换"时间轴"关键帧 24 中的最后一幅图像。

图1.56

1.12　发布影片

当准备与其他人共享影片时，可以从 Flash 中发布。对于大多数项目，Flash 将创建一个 HTML 文件和一个 SWF 文件，将这两个文件上传到 Web 上后用户就可以从桌面浏览器中观看。对于另外一些项目，可能会发布一个应用程序文件以供用户下载并在移动设备上观看。Flash 提供了不同平台上发布的选项。在第 11 课中将学到更多关于发布选项的知识。

在本课中，将创建一个 HTML 文件和一个 SWF 文件。SWF 文件是最终的 Flash 影片，而 HTML 文件则表示 Web 浏览器将如何显示 SWF 文件，需要把这两个文件都上传到 Web 服务器上的同一个文件夹中。在上传影片之后总是要进行测试，以确保正确工作。

1. 选择"文件">"发布设置"，或单击"属性"检查器里的"发布设置"按钮。

出现"发布设置"对话框。左边是输出格式，右边则是对应的设置，如图 1.57 所示。

2. 选中"Flash（.swf）"和"HTML 包装器"这两个复选框。

3. 选择"HTML 包装器"，如图 1.58 所示。

图1.57　　　　　　　　　　　　　　　图1.58

HTML 文件的选项决定了 SWF 文件将如何出现在播放器中。在本课中，保留所有默认设置。

4. 单击"发布设置"对话框底部的"发布"按钮。

5. 单击"确定"关闭对话框。

6. 导航到 Lesson01/01Start 文件夹，查看 Flash 创建的文件，如图 1.59 所示。

01_workingcopy.fla	2013/10/7 0:13	Flash 文档	910 KB
01_workingcopy.html	2013/10/7 0:52	Chrome HTML D...	3 KB
01_workingcopy.swf	2013/10/7 0:52	SWF 文件	525 KB

图1.59

1.13 查找关于使用 Flash 的资源

为了获取关于使用 Flash 面板、工具及其他应用程序特性的完整的、最新的信息，请访问 Adobe 网站。选择"帮助">"Flash 支持中心"，将连接到 Adobe 专业帮助网站，可以在那里搜索 Flash 的帮助和支持文档，以及与 Flash 用户相关的其他网站、论坛、产品指南和升级等。

注意：如果 Flash 在启动时检测到没有连接到网络，选择"帮助">"Flash 支持中心"来打开 Flash 安装的帮助 HTML 页面。要想看到更多更新的信息，可以浏览在线帮助文件或下载当前 PDF 文档用于参考。

不要只浏览 Adobe 的网址，也要搜索网络上的其他资源网站，有非常多的面向 Flash 用户的网站、博客和论坛，从初学者到高级用户都可以找到合适的方法。

1.14 检查更新

Adobe 会定期提供 CreativeCloud 应用程序的更新，可以通过 Adobe Application Manager 轻松地获得这些更新，只要具有活动的 Internet 连接即可。

1. 在 Flash 中，选择"帮助">"更新"。

Adobe Application Manager 将会自动检查可供选择的 Adobe 软件使用的更新。

2. 在 Adobe Application Manager 对话框中，选择更新内容，然后根据提示完成安装。

注意：要设置将更新的首选项，可以选择"帮助">"更新"，然后在 Adobe Application Manager 对话框中单击"首选项"。选择想让 Adobe Application Manager 检查更新的应用程序，然后单击"确定"按钮完成新设置。

1.15 复习

复习题

1. 什么是"舞台"？

2. 帧与关键帧之间的区别是什么？

3. 什么是隐藏的工具，怎样才能访问？

4. 指出在 Flash 中用于撤销步骤的两种方法，并描述它们。

5. 如何查找关于 Flash 问题的答案？

复习题答案

1. 在 Flash 播放器或 Web 浏览器中播放影片时，"舞台"是用户看到的区域。它包含出现在屏幕上的文本、图像和视频。存储在"舞台"外面的粘贴板上的对象不会出现在影片中。

2. 帧是"时间轴"上的时间度量。在"时间轴"上利用圆圈表示关键帧，并且表示"舞台"内容中的变化。

3. 由于在"工具"面板中同时有太多的工具要显示，就把一些工具组合在一起，并且只显示该组中的一种工具（最近使用的工具就是显示的工具）。在一些工具图标上出现了小三角形，表示有隐藏的工具可用。要选择隐藏的工具，可以单击并按住显示的工具图标，然后从菜单中选择隐藏的工具。

4. 在 Flash 中可以使用"撤销"命令或"历史记录"面板撤销步骤。要一次撤销一个步骤，可以选择"编辑" > "撤销"。要一次撤销多个步骤，可以在"历史记录"面板中向上拖动滑块。

5. 选择"帮助" > "Flash 帮助"，浏览或搜索关于使用 Flash 和 Actionscript 3.0 的帮助信息。选择"帮助" > "Flash 支持中心"或访问 www.adobe.com，查看针对 Flash 用户的教程、提示及其他资源。

第2课 处理图形

课程概述

在这一课中，将学习如何执行以下任务：

- 绘制矩形、椭圆及其他形状
- 了解各种绘制模式之间的区别
- 修改所绘制对象的形状、颜色和大小
- 了解填充和笔触设置
- 创建和编辑曲线
- 应用渐变和透明度
- 组合元素和转换为位图
- 创建和编辑文本
- 添加超链接
- 在"舞台"上分布对象

完成本课程的学习需要大约 90 分钟的时间。如果需要，可以从硬盘驱动器上删除前一课的文件夹，并把 Lesson02 文件夹复制其上。

在 Flash 中可以使用矩形、椭圆和线条创建有趣的、复杂的图形和插图，将其与渐变、透明度、文本和滤镜结合起来，甚至可以创建更精彩的效果。

2.1 开始

首先查看完成的影片，看看将在本课程中创建的动画。

> **FL** | 注意：请先将光盘中有关这一课的内容复制到电脑中。

1. 双击 Lesson02/02End 文件夹中的 02End.html 文件，查看最终的项目，如图 2.1 所示。

图2.1

这个项目是用于横幅广告的简单的静态插图。这幅插图用于一家虚拟的 GardenCourt Café 公司，它正在为其商店和咖啡做宣传。在本课程中，将绘制一些形状修改它们，以及学习组合简单的元素来创建更复杂的画面，学习创建和修改图形是在制作任何 Flash 动画之前的一个重要步骤。

2. 选择"文件">"新建"。在"新建文档"对话框中选择"ActionScript 3.0"。

3. 在"属性"检查器中，把"舞台"的大小设置为 700 像素 × 200 像素，并把"舞台"的颜色设置为浅褐色（#CC9966）。

4. 选择"文件">"保存"。把文件命名为"02_workingcopy.fla"并把它保存在 02Start 文件夹中。立即保存文件是一种良好的工作习惯，可以确保当应用程序或计算机崩溃时所做的工作不会丢失。

2.2 了解笔触和填充

Flash 中的每幅图形都开始于一种形状。形状由两部分组成：填充（fill）和笔触（stroke），前者是形状里面的部分，后者是形状的轮廓线。如果可以记住这两个组成部分，就可以比较顺利地创建美观、复杂的画面。

填充和笔触是彼此独立的，因此可以轻松地修改或删除其中一个部分，而不会影响到另一个部分。例如，可以利用蓝色填充和红色笔触创建一个矩形，以后可以把填充更改为紫色，并完全删除红色笔触，最终得到的是一个没有轮廓线的紫色矩形，也可以独立地移动填充或笔触，因此如果想移动整个形状，就要确保同时选取填充和笔触。

2.3 创建形状

Flash 包括多种绘图工具，它们在不同的绘制模式下工作。许多创建工作都开始于像矩形和椭圆这样的简单形状，因此能够熟练地绘制、修改它们的外观以及应用填充和笔触是很重要的。

2.3.1 使用"矩形"工具

绘制一只咖啡杯。

咖啡杯实质上是一个圆柱体,它是一个顶部和底部都是椭圆的矩形。首先绘制矩形主体,把复杂的对象分解成各个组成部分,方便更容易地绘制。

1. 从"工具"面板中选中"矩形"工具(■)。确保没有选择"对象绘制"模式图标(■)。

> **FL** | 注意:在Flash、HTML和许多其他的应用程序中,每种颜色都有一个十六进制的值。"#"号之后的6位数代表红、绿、蓝对颜色的贡献。

2. 从"工具"面板底部选择笔触颜色(■)和填充颜色(■)。为笔触选择 #663300(深褐色),为填充选择 #CC6600(浅褐色),如图 2.2 和图 2.3 所示。

图2.2   #663300(深褐色)

图2.3   #CC6600(浅褐色)

3. 在"舞台"上绘制一个矩形,其高度比宽度稍大一点。在第 6 步中指定矩形的准确大小和位置。

4. 选取"选择"工具(▶)。

5. 在整个矩形周围拖动"选择"工具,选取笔触和填充。当选取一种形状时,Flash 将会用白色虚线显示。也可以双击一种形状,Flash 将同时选取该形状的笔触和填充。

6. 在"属性"检查器中,为宽度输入"130",为高度输入"150"。然后按 Enter(Windows)键或 Return(Mac)键应用这些值,如图 2.4 所示。

图2.4

2.3.2 使用"椭圆"工具

创建咖啡杯顶部的杯口和圆形的底部。

1. 在"工具"面板中,选择"椭圆"工具。

2. 确保启用了"紧贴至对象"选项(■),该选项将强制在"舞台"上绘制的形状相互贴紧,以确保线条和角相互连接。

3. 在矩形内单击并拖动,创建一个椭圆。"贴紧至对象"选项使得椭圆的边连接到矩形的边,如图 2.5 所示。

4. 在矩形底部附近绘制另一个椭圆,如图 2.6 所示。

图2.5

图2.6

2.4　进行选择

要修改对象,首先要选择它的不同部分。在 Flash 中,可以使用"选择"、"部分选取"和"套索"这些工具进行选择。通常,使用"选择"工具选择整个对象或对象的一个选区。"部分选取"工具允许选择对象中特定的点或线。利用"套索"工具,可以绘制任意的选区。

1. 在"工具"面板中, 选取"选择"工具 (▮)。

2. 单击顶部的椭圆上面的填充以选取它, 如图 2.7 所示。

顶部的椭圆上面的形状将高亮显示。

3. 按 Delete 键, 如图 2.8 所示。

这样就删除了所选的形状。

4. 选取顶部的椭圆上面的三条线段,并按 Delete 键删除,如图 2.9 所示。

这样就删除了各个笔触,只保留了连接到矩形的顶部的椭圆。

5. 选择底部的椭圆下面的填充和笔触,以及杯底里面的圆弧,并按 Delete 键。

余下的形状看上去就像一个圆柱体, 如图 2.10 所示。

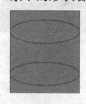

图2.7

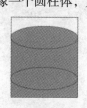

图2.8

图2.9

图2.10

2.5　编辑形状

在 Flash 中绘图时,通常开始于"矩形"或"椭圆"工具,但是要创建更复杂的图形,将使用其他工具修改这些基本形状。"任意变形"工具、"复制"和"粘贴"命令以及"选择"工具可以把普通的圆柱体变形成咖啡杯。

2.5.1 使用"任意变形"工具

使咖啡杯的底边缘变窄一些，这样咖啡杯看起来将更逼真。使用"任意变形"工具更改它的总体形状。利用"任意变形"工具，可以更改对象的比例、旋转或斜度，或通过在边界框周围拖动控制点来扭曲对象。

1. 在"工具"面板中，选择"任意变形"工具（ ▦ ）。

2. 在"舞台"上围绕圆柱体拖动"任意变形"工具以选取它。

圆柱体上将出现变形句柄，如图 2.11 所示。

3. 在向里拖动其中一个角时按 Ctrl+Shift（Windows）组合键或 Command+Shift（Mac）组合键，以同时把两个角移动相同的距离。

4. 在形状外面单击，取消选择，如图 2.12 所示。

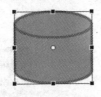

图2.11

图2.12

圆柱体的底部将变窄，而顶部比较宽，现在看起来更像是一只咖啡杯。

注意：如果在移动某个控制点时按Alt键或Option键，将相对于其变形点（通过圆圈图标表示）缩放对象。可以在对象内的任意位置或对象外面拖动变形点。按Shift键可以约束对象比例。按Ctrl（Windows）键或Command（Mac）键可以操作单个控制点使对象变形。

2.5.2 使用"复制"和"粘贴"命令

使用"复制"和"粘贴"命令，可以轻松地在"舞台"上复制形状。通过复制和粘贴咖啡杯的上边缘可以制作出咖啡的液面。

1. 按住 Shift 键，并选择咖啡杯开口的上圆弧和下圆弧。

2. 选择"编辑">"复制"（Ctrl+C 组合键或 Command+C 组合键），复制椭圆顶部的笔触。

3. 选择"编辑">"粘贴到中心位置"（Ctrl+V 组合键或 Command+V 组合键）。

在"舞台"上就会出现复制的椭圆。

4. 在"工具"面板中，选择"任意变形"工具。

在椭圆上将出现变形句柄。

5. 在向里拖动角时按 Shift 键和 Alt 或 Option 键，使椭圆缩小 10%。按 Shift 键可以一致地更改形状，使椭圆维持其表面的比率。按 Alt 或 Option 键将从其变形点更改形状。

6. 选取"选择"工具。

7. 把椭圆拖到咖啡杯的边缘上，使之叠盖住前边缘，如图 2.13 所示。

8. 在选区外面单击，取消选择椭圆，如图 2.14 所示。

9. 选取较小的椭圆的下部分并删除，现在咖啡杯中就好像装有咖啡，如图 2.15 所示。

图2.13 图2.14 图2.15

2.5.3 更改形状轮廓

利用"选择"工具，可以推、拉线条和角，更改任何形状的整体轮廓，它是处理形状时快速、直观的方法。

1. 在"工具"面板中，选取"选择"工具。

2. 移动光标，使之接近于咖啡杯的某一个边缘。

在光标附近将出现一条曲线，表示可以更改笔触的曲度。

3. 单击并向外拖动笔触，如图 2.16 所示。

咖啡杯的边缘将弯曲，使得咖啡杯稍微有点凸出。

4. 单击并稍微向外拖动咖啡杯的另一个边缘。

咖啡杯现在就具有更圆滑的形状。

图2.16

FL | **注意**：在拖动形状的边缘时按住Alt或Option键可以添加新的角。

2.5.4 更改笔触和填充

如果要更改任何笔触或填充的属性，可以使用"墨水瓶"工具或"颜料桶"工具。

1. 在"工具"面板中，选择"颜料桶"工具（▓）。

2. 在"属性"检查器中，选择一种较深的褐色（#663333），如图 2.17 所示。

3. 单击杯中咖啡的液面，如图 2.18 所示。

顶部椭圆的填充将变成较深的褐色。

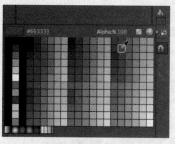

图2.17 图2.18

注意：如果"颜料桶"工具改变了周围区域中的填充，那么可能就有较小的间隙允许填充溢出。封闭间隙，或在"工具"面板底部为"颜料桶"工具选择封闭不同的间隙大小。

4. 在"工具"面板中，选择隐藏在"颜料桶"工具下面的"墨水瓶"工具（ ）。

5. 在"属性"检查器中，选择一种较深的褐色（#330000）。

6. 单击咖啡液面上面的顶部笔触。

咖啡液面周围的笔触将变成较深的褐色。

注意：也可以选择笔触或填充，并在"属性"检查器中更改其颜色，而无需使用"颜料桶"或"墨水瓶"工具。

Flash绘制模式

Flash提供了三种绘制模式，它们决定了"舞台"上的对象彼此之间如何交互，以及如何编辑。默认情况下，Flash使用合并绘制模式，也可启用对象绘制模式，或使用"基本矩形"及"基本椭圆"工具，以使用基本绘制模式。

合并绘制模式

在这种模式下，Flash将会合并所绘制的重叠的形状（如矩形和椭圆），使得多种形状看起来就像是单个形状一样。如果移动或删除已经与另一种形状合并的形状，合并的部分就会永久删除，如图2.19所示。

图2.19

对象绘制模式

在这种模式下，Flash不会合并绘制的对象，它们仍将泾渭分明，甚至当重叠时也是如此。要启用对象绘制模式，可选择要使用的工具，然后在"工具"面板中的选项区域中单击"对象绘制"图标。

要把对象转换为形状（合并绘制模式），可选取对象并按Ctrl+B组合键或Command+B组合键。要把形状转换为对象（对象绘制模式），可选取形状并选择"修改">"合并对象">"联合"，如图2.20所示。

图2.20

基本绘制模式

　　当使用"基本矩形"工具或"基本椭圆"工具时，Flash将把形状绘制为单独的对象，如图2.21所示。与普通对象不同的是，可以使用"属性"检查器轻松地修改基本矩形的边角半径，以及修改基本椭圆的开始角度、结束角度和内径。

图2.21

2.6　使用渐变填充和位图填充

　　填充（fill）是绘制对象的里面部分。现在有纯褐色填充，但是也可以应用渐变或位图图像（比如 JPEG 文件）作为填充，也可以使指定对象没有填充。

　　在渐变（gradient）中，一种颜色将逐渐变成另外一种颜色。Flash 可以创建线性（linear）渐变或径向（radical）渐变，前者沿着水平方向、垂直方向或对角线方向改变颜色；后者从一个中心焦点向外改变颜色。

　　对于本课程，将使用线性渐变填充给咖啡杯添加三维效果。为了提供泡沫顶层的外观，将会导入一幅位图图像用作填充，可以在"颜色"面板中导入位图文件。

2.6.1　创建渐变变换

　　在"颜色"面板中定义要在渐变中使用的颜色。默认情况下，线性渐变将把一种颜色转变成另一种颜色，但是在 Flash 中，渐变可以使用多达 15 种颜色变换。颜色指针（colorpointer）决定了渐变在什么地方从一种颜色变为另一种颜色，可以在"颜色"面板中的渐变定义条下面添加颜色指针，以添加颜色变换。

　　在咖啡杯的表面创建从褐色转变成白色再转变成深褐色的渐变效果，以表现出圆滑的外观。

1. 选取"选择"工具。选取表示咖啡杯正面的填充，如图 2.22 所示。

2. 打开"颜色"面板（选择"窗口">"颜色"）。在"颜色"面板中，单击"填充颜色"图标并选择"线性渐变"，如图 2.23 所示。

这样，可以从左到右利用一种颜色渐变填充咖啡杯的正面，如图 2.24 所示。

图2.22 图2.23 图2.24

3. 在"颜色"面板中选择位于颜色渐变左边的颜色指针（当选择它时，它上面的三角形将变成黑色），然后在十六进制值框中输入"FFCCCC"，并按 Enter 键或 Return 键，应用该颜色。也可以从拾色器中选择一种颜色，或双击颜色指针从色板中选择一种颜色。

4. 选择最右边的颜色指针，然后为深褐色输入"B86241"，并按 Enter 键或 Return 键，应用该颜色，如图 2.25 所示。

咖啡杯的渐变填充将在其表面上从浅褐色逐渐变为深褐色。

5. 在渐变定义条下单击，创建新的颜色指针，如图 2.26 所示。

图2.25 图2.26

6. 把新的颜色指针拖到渐变的中间位置。

7. 选择新的颜色指针，然后在十六进制值框中输入"FFFFFF"，为新颜色制定白色，并按 Enter 键或 Return 键，应用该颜色，如图 2.27 所示。

咖啡杯的渐变填充将在其表面上从浅褐色逐渐变为白色再变为深褐色，如图 2.28 所示。

图2.27 图2.28

8. 单击"舞台"其他位置，取消选择"舞台"上的填充。选择"颜料桶"工具，
   并且确保取消选择"工具"面板底部的"锁定填充"选项（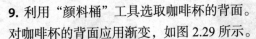）。

"锁定填充"选项将把当前渐变锁定到应用它的第一个形状，使得后续的形状
扩展渐变。如果在咖啡杯的背面应用一种新的渐变，可取消选择"锁定填充"选项。

9. 利用"颜料桶"工具选取咖啡杯的背面。

对咖啡杯的背面应用渐变，如图 2.29 所示。

图2.29

> **FL** | 注意：要从渐变定义条中删除颜色指针，只需把它拖离渐变定义条即可。

2.6.2 使用"渐变变形"工具

除了为渐变选择颜色和定位颜色指针之外，还可以调整渐变填充的大小、方向和中心。为了
挤压咖啡杯正面中的渐变以及颠倒背面中的渐变方向，将使用"渐变变形"工具。

1. 选择"渐变变形"工具（"渐变变形"工具与"任意变形"工具组织
   在一起），如图 2.30 所示。

图2.30

2. 单击咖啡杯的正面，将显示变形句柄。
3. 向里拖动边界框的边线上的方块句柄压紧渐变。拖动中心圆圈把渐变向左移动，使得白色
   亮区定位于中心稍稍偏左一点，如图 2.31 所示。
4. 单击咖啡杯的背面，将显示变形句柄。
5. 拖动边界框角上的圆形句柄把渐变旋转 180°，使得渐变从左边的深褐色渐渐减弱到白色
   再到右边的浅褐色，如图 2.32 所示。

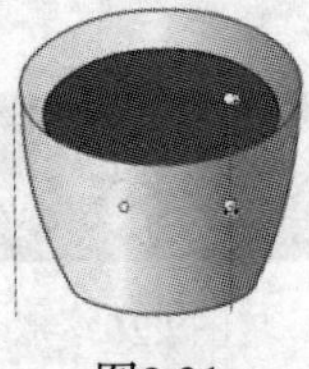

图2.31

图2.32

咖啡杯现在看上去更加逼真了，因为阴影和亮区使得正面看上去是凸起的，而背面则是凹
陷的。

> **FL** | 注意：移动中心圆圈将改变渐变的中心；拖动带箭头的圆圈可以旋转渐变；拖动方
> 块中的箭头可以拉伸渐变。

2.6.3 添加位图填充

添加一层泡沫，使这个咖啡杯看上去更奇特一点。这里将使用一幅泡沫的 JPEG 图像作为位图
填充。

1. 利用"选择"工具选取咖啡顶部的液面。
2. 打开"颜色"面板（选择"窗口">"颜色"）。
3. 选择"位图填充"，如图 2.33 所示。
4. 在"导入到库"对话框中，导航到 Lesson02/02Start 文件夹中的 coffeecream.jpg 文件。
5. 选择 coffeecream.jpg 文件，并单击"打开"按钮。

这样就会用泡沫图像填充咖啡顶部的液面，咖啡杯就制作完成了！把包含完整绘图的图层命名为 coffeecup。剩余的全部工作是添加一些气泡和热气，如图 2.34 所示。

图2.33

图2.34

FL | 注意：也可以使用"渐变变形"工具改变应用位图填充的方式。

2.6.4　组合对象

既然已经完成了咖啡杯的创建，那么就可以使之成组了。组可以把形状与其他图形的集合保存在一起以保持完整性。在组合时，可以作为一个单元移动咖啡杯，而无需担心它与底层的形状合并。因此可以使用组来组织绘图。

1. 选取"选择"工具。
2. 选取组成咖啡杯的所有形状，如图 2.35 所示。
3. 选择"修改">"组合"，如图 2.36 所示。

咖啡杯现在就是单个组。在选取它时，蓝色外框线表示其边界框。

图2.35

图2.36

4. 如果想更改咖啡杯的任何部分，可以双击组以编辑它。

"舞台"上所有其他的元素都会变暗淡，并且"舞台"上面的顶部水平条将显示"场景1组"，如图 2.37 所示。这表示现在已位于特定的组中，并且可以编辑其内容。

图2.37

5. 单击"舞台"顶部水平条中的"场景 1"图标或双击"舞台"上的空白部分，返回到主场景。

FL　注意：要把组改回它的成分形状，可以选择"修改"＞"取消组合"，也可以按 Shift+Ctrl+G组合键（Windows）或Shift+Command+G组合键（Mac）。

2.7　使用自定义线条样式

可以为笔触选择不同的线条样式。除了实线，也可以选择点、虚线或锯齿线，甚至可以自定义线条样式。在本课中，将使用"铅笔"工具创建代表咖啡飘起的香气的虚线。

2.7.1　添加装饰线条

为了让咖啡图更具个性，可以为它添加一些古怪的线条。

1. 在"时间轴"里创建一个新图层并命名为"coffeearoma"，这个图层用来画线条。

2. 在"工具"面板中，选择"铅笔"工具（ ）。在"工具"面板底部选择"平滑"选项，如图 2.38 所示。

3. 在"属性"检查器中，选择深褐色，"样式"选择"锯齿线"，如图 2.39 所示。

图2.38

图2.39

4. 在咖啡上方画几条波浪线，如图 2.40 所示。

Flash 会渲染出锯齿线图案，尽管它看起来是不连续的线条，但仍是一个整体，而且是可选择的笔触。

FL　注意：如果想对样式有更多地控制，可以单击样式旁边的"编辑"按钮来体验"笔触样式"对话框里的各种选项。

图2.40

2.7.2　将矢量图转换为位图

矢量图（尤其是具有复杂曲线和很多形状以及不同线条样式的图）将会占用很多处理器周期，这在移动设备上是很不好的。"转换成位图"选项提供了将"舞台"上的图像转换成位图的方式，能够降低对处理器周期的占用。

一旦将对象转换成位图，就可以随意移动而不用担心它与别的形状合并，但是就不能够再使用Flash的编辑工具编辑。

1. 选取"选择"工具。
2. 选择"coffee aroma"图层的波浪状的咖啡香气线条，以及"coffeecup"图层的咖啡组，如图2.41所示。
3. 选择"修改">"转换为位图"，如图2.42所示。

咖啡杯和波浪线将变成一个位图并存储在"库"面板中。

图2.41　　　　　　　　　　图2.42

2.8　创建曲线

使用"选择"工具推拉形状的边缘，以直观的方式制作曲线。为了能够实施更精确的控制，可以使用"钢笔"工具（🖊）。

2.8.1　使用"钢笔"工具

现在将创建舒适的、类似于波浪的背景图形。

1. 选择"插入">"时间轴">"图层"，并把新图层命名为"darkbrownwave"、
2. 把该图层拖到图层组的底部。
3. 锁定所有其他的图层，如图2.43所示。
4. 在"工具"面板中，选择"钢笔"工具（🖊）。
5. 将"笔触颜色"设置为深褐色。
6. 在"舞台"上单击，建立第一个锚点，开始绘制形状。

图2.43

7. 单击"舞台"上的另一个部分，表示形状中的下一个锚点。

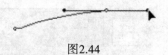

要创建平滑的曲线时，可以使用"钢笔"工具单击并拖动。

此时，锚点出现了句柄，表示线条的曲度，如图 2.44 所示。

图2.44

8. 继续单击并拖动，构建波浪的轮廓线。使波浪的宽度比"舞台"宽，如图 2.45 所示。

图2.45

9. 通过单击第一个锚点封闭形状，如图 2.46 所示。

> FL **注意**：不要担心没有把曲线绘制完美，因为要多次实践才能熟练使用"钢笔"工具。在本课程的下一部分中还会有机会美化曲线。

图2.46

10. 选择"颜料桶"工具。

11. 将"填充颜色"设置为深褐色。

12. 在刚创建的轮廓线内单击，用所选的颜色填充它并删除笔触，如图 2.47 所示。

图2.47

2.8.2 利用"选择"和"部分选取"工具编辑曲线

在第一次尝试创建平滑的波浪时，结果可能不是很好。可以使用"选择"工具或"部分选取"工具美化波浪曲线。

1. 选取"选择"工具。

2. 把光标悬停在一条线段上，如果看到光标附近出现了曲线，这就表示可以编辑曲线。如果光标附近出现的是一个角，这就表示可以编辑顶点。

3. 拖动曲线以编辑它的形状，如图 2.48 所示。

4. 在"工具"面板中，选择"部分选取"工具（ ）。

5. 在形状的轮廓线上单击。

6. 把锚点拖到新位置或移动句柄，以美化总体形状，如图 2.49 所示。

图2.48

图2.49

2.8.3 删除或添加锚点

可以使用"钢笔"工具下面的隐藏工具，根据需要删除或添加锚点。

1. 单击并按住"钢笔"工具，访问其下的隐藏工具，如图 2.50 所示。

2. 选择"删除锚点"工具（ ）。

3. 单击形状轮廓线上的一个锚点并删除。

4. 选择"添加锚点"工具（ ）。

图2.50

5. 在曲线上单击，添加一个锚点。

2.9 创建透明度

接下来，将创建第二个波浪，并使之与第一个波浪部分重叠。为了使第二个波浪稍微有点透明，可以创建更全面的深度，可以把透明度应用于笔触或填充。透明度是用百分数度量的，被称为 Alpha，Alpha 值为 100% 表示颜色完全不透明，而 Alpha 值为 0% 则表示颜色完全透明。

2.9.1 修改填充的 Alpha 值

1. 选择 darkbrownwave 图层中的形状。

2. 选择"编辑">"复制"。

3. 选择"插入">"时间轴">"图层"，并把新图层命名为"lightbrownwave"，如图 2.51 所示。

4. 选择"编辑">"粘贴到当前位置"（Ctrl+Shift+V 组合键或 Command+Shift+V 组合键）。

"粘贴到当前位置"命令可把复制的项目放到与复制它时完全相同的位置。

图2.51

5. 选取"选择"工具，并把粘贴的形状稍微左移或右移，以使浪峰稍微偏移，如图 2.52 所示。

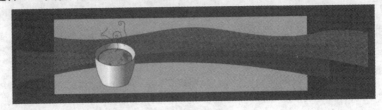

图 2.52

6. 在 lightbrownwave 图层中选取形状的填充。

7. 在"颜色"面板中（选择"窗口">"颜色"），将填充颜色设置为稍微不同的褐色色调（CC6666），然后把 Alpha 值更改为 50%，如图 2.53 所示。

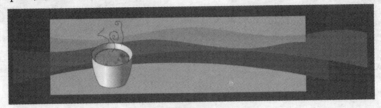

图 2.53

"颜色"面板底部的色板预留了最近选择的颜色，并通过出现在色板后面的灰色图案来表示透明度，如图 2.54 所示。

图2.54

> **FL** **注意：** 也可以通过"属性"检查器更改形状的透明度，其方法是单击"填充颜色"图标，并在弹出的颜色菜单中更改Alpha值。

2.9.2 增加阴影

透明填充对创建阴影也是有用的，能够为图像增加深度感，可以为咖啡杯增加投影以及在"舞台"底部增加装饰性的阴影。

1. 选择"插入">"时间轴">"图层"，并将新图层命名为"shadow"。
2. 选择"插入">"时间轴">"图层"，并将第二个新图层命名为"bigshadow"。
3. 将 shadow 图层和 bigshadow 图层拖曳到图层的底部，如图 2.55 所示。
4. 选择"椭圆"工具。
5. "笔触"选择无，"填充"选择深褐色（#663300）并取 Alpha 的值为 50%。
6. 在 shadow 图层中，在咖啡杯底部位置画一个椭圆，如图 2.56 所示。

图2.55

图2.56

7. 在 bigshadow 图层，画一个更大的椭圆，使它的上边覆盖住"舞台"的底部。
这个叠加的透明椭圆使整个图像有了丰富的分层次的外观，如图 2.57 所示。

图2.57

2.10　创建和编辑文本

最后，来添加一些文本来完成这幅插图。Flash 具有三个文本选项："静态文本"和另外两个高级选项（"动态文本"和"输入文本"）。"静态文本"是用来显示的，"动态文本"和"输入文本"允许使用 ActionScript 控制文本，在本书中不介绍这些高级功能。

当在"舞台"上创建静态文本并发布项目时，Flash 会自动包括所有必需的字体以正确地显示文本，这说明不具有必需的字体也可以按照预期的那样查看文本。

2.10.1　使用"文本"工具

1. 选择最上面的图层。

2. 选择"插入" > "时间轴" > "图层"，并把新图层命名为"text"。

3. 选择"文本"工具（ T ）。

4. 在"属性"检查器中，选择"静态文本"，如图 2.58 所示。

5. 在"字符"选项下面，选择字体、样式、大小和颜色。

6. 在"段落"选项下面，还有另外一些选项用于格式化文本，如对
其或间距。可以选择值或保持默认。

图2.58

7. 在"舞台"上单击并开始输入文本。输入"Garden Court Cafe Taste the Difference"，如图 2.59
所示。此外，也可以单击并拖出一个文本框，定义文本的最大宽度。

图2.59

8. 选取“选择”工具，退出“文本”工具。

9. 在同一图层的“舞台”上增加 3 个小文本：“Coffee”、“Pastries”和“Free Wi-Fi”，如图 2.60 所示。

图2.60

2.10.2　从已存在的对象匹配颜色

如果要精确地匹配颜色，可以选择“滴管”工具来采样一个填充或笔触。在使用“滴管”工具单击一个对象后，Flash 会自动以选中的颜色和可以应用到其他对象上的相关属性提供“颜料桶”工具或“墨水瓶”工具。

将使用“滴管”工具来采样一个背景装饰波浪并将其应用于 3 个小文本。

1. 在“工具”面板中，选取“选择”工具。

2. 按住 Shift 键并选择 3 个小文本：“Coffee”、“Pastries”和“Free Wi-Fi”，如图 2.61 所示。

图2.61

3. 选择“滴管”工具。

4. 单击深棕色波浪图层的填充。

3 个被选中的文本的颜色将变成深棕色波浪图层的填充的颜色，如图 2.62 和图 2.63 所示。使用相同的颜色有助于统一构成。

FL　**注意**：可以使用滴管工具来采样一个填充或笔触的属性和颜色并将其应用到其他形状上。

图2.62

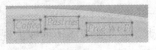

图2.63

2.10.3　增加超链接

为文本增加超链接会使内容更具有交互性。接下来，将为这个咖啡图里的广告语添加超链接以便读者访问咖啡网站。

1. 双击广告语"Garden Court Cafe Taste the Difference"并选中文本，如图 2.64 所示。

2. 在"属性"检查器中，展开"选项"区，并在"链接"框中输入一个 URL。确保输入的 URL 以"http://"开头，这样才能定位网络上的地址。

3. 在"目标"框中，选择"_blank"，如图 2.65 所示。

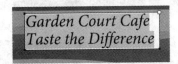

图2.64

图2.65

"目标"选项决定了 URL 加载在何处。如果"目标"为"_blank"，则 URL 将会在一个空白的浏览器或标签内被加载。

4. 退出"文本"工具。

Flash 会在有超链接的文本下标注下画线，如图 2.66 所示。但在最后发布的 SWF 文件中将不会显示下画线。

图2.66

5. 选择"控制">"测试影片">"在 FlashProfessional 中"。

Flash 会导出一个 SWF 文件并在新窗口中播放。

6. 单击超链接广告文本。

默认浏览器将会加载刚刚定义的 URL。

2.11　对齐和分布对象

最后，调整文本位置以使排版更有条理。尽管使用标尺("视图">"标尺")和网格("视图">"网格">"显示网格")可以辅助定位对象，但这里使用"对齐"面板能更有效地处理多个对象。在"舞台"上挪动对象时出现的智能辅助线也会帮助完成这项任务。

对齐对象

正如所猜想的那样，"对齐"面板可以用来垂直或水平对齐任意数量的对象，也可以均匀地分布对象。

1. 选取"选择"工具。

2. 选择第一个文本"Coffee"。

3. 向左挪动文本直到智能辅助线出现。将文本的左边对齐到其上方大字号文本的左边，如图 2.67 所示。

4. 选择第 3 个小文本"Free Wi-Fi"。

5. 向右挪动文本直到智能辅助线出现，如图 2.68 所示。将文本的右边对齐到其上方大字号文本的右边。

图2.67

图2.68

6. 选中 3 个小文本，如图 2.69 所示。

锁定下面的图层可以防止意外选中下面的图层中的形状。

7. 打开"对齐"面板（"窗口" > "对齐"）。

8. 取消选择"与舞台对齐"选项，如果已经被选中，如图 2.70 所示，单击"对齐"中的底对齐按钮。

文本的底部边界将会被对齐，如图 2.71 所示。

图2.69

图2.70

图2.71

9. 单击"间隔"里的"水平平均间隔"按钮，如图 2.72 所示。

Flash 将会移动所选文本使它们的间隔变得均匀，如图 2.73 所示。

图2.72

图2.73

2.12 复习

复习题

1. Flash 中的 3 种绘制模式是什么，它们有何区别？

2. 怎样使用"椭圆"工具绘制标准的圆形？

3. Flash 中的每一种选择工具都在什么时候使用？

4. "对齐"面板的作用是什么？

复习题答案

1. 3 种绘制模式是合并绘制模式、对象绘制模式和基本绘制模式。

- 在合并绘制模式下，将会合并在"舞台"上绘制的形状，使之变成单个形状。
- 在对象绘制模式下，每个对象将保持泾渭分明，甚至当它们重叠时也是如此。
- 在基本绘制模式下，可以修改对象的角度、半径或角半径。

2. 要绘制标准的圆形，可以在用"椭圆"工具在"舞台"上绘图时按住 Shift 键。

3. Flash 包括 3 种选择工具："选择"工具、"部分选取"工具和"套索"工具。

- 使用"选择"工具选取整个形状或对象。
- 使用"部分选取"工具选取对象中特定的点或线。
- 使用"套索"工具绘制任意选区。

4. "对齐"面板可以把所选的许多元素水平或垂直对齐，并且可以均匀地分布元素。

第 **3** 课　创建和编辑元件

课程概述

在这一课中，将学习如何执行以下任务：

- 导入 Illustrator 和 Photoshop 文件
- 创建新元件
- 编辑元件
- 了解各种元件类型之间的区别
- 了解元件与实例之间的区别
- 使用标尺和辅助线在"舞台"上定位对象
- 调整透明度和颜色
- 应用混合效果
- 利用滤镜应用特效
- 在 3D 空间中定位对象

　　完成本课程的学习需要大约 90 分钟的时间。如果需要，可以从硬盘驱动器上删除前一课的文件夹，并把 Lesson03 文件夹复制其上。

　　元件是存储在"库"面板中的可重用资源。影片剪辑、图形和按
钮元件是要创建的 3 种元件，通常被用于特效、动画和交互性。

3.1 开始

查看最终的项目,了解在学习使用元件时将要创建的内容。

FL	注意:请先将光盘中有关这一课的内容复制到电脑中。

1. 双击 Lesson03/03End 文件夹中的 03End.html 文件,在 Flash 中查看最终的项目,如图 3.1 所示。

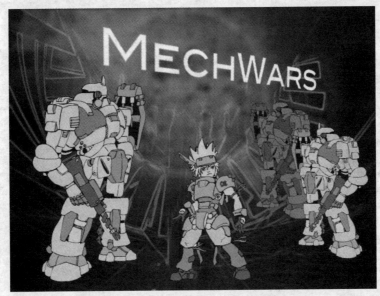

图3.1

该项目是一幅卡通画面的静态插图。本课程将使用 Illustrator 图形文件、导入的 Photoshop 文件和一些元件创建一幅吸引人的图像,它带有一些非常有趣的效果。学习如何使用元件是创建任何动画或交互性效果的必要步骤。

2. 关闭 03End.html 文件。

3. 选择"文件">"新建",在"新建文档"对话框中,选择"ActionScript 3.0"。

4. 打开右边的对话框,将"舞台"大小设置为 600 像素(宽)×450 像素(高)。

5. 选择"文件">"保存"。把文件命名为"03_workingcopy.fla",并把它保存在 03Start 文件夹下。

3.2 导入 Illustrator 文件

在第 2 课中已经学到,在 Flash 中可以使用"矩形"、"椭圆"及其他工具绘制对象。不过,对于复杂的绘图,用户可能更喜欢在另一个应用程序中创建作品。Adobe Flash Professional 支持原始的 Adobe 文件,因此可以在 Illustrator 应用程序中创建原始作品,然后把它导入到 Flash 中。

在导入 Illustrator 文件时,可以选择导入文件中的哪些图层,以及 Flash 应该如何处理这些图层。导入一个 Illustrator 文件,其中包含用于卡通画面的所有人物。

1. 选择"文件">"导入">"导入到舞台"。

2. 选择 Lesson03/03Start 文件夹中的 characters.ai 文件。

3. 单击"打开"按钮。

出现"导入到舞台"对话框，如图 3.2 所示。

4. 在"图层转换"选项中选择"保持可编辑路径和效果"，如图 3.3 所示。

图3.2

图3.3

"保持可编辑路径和效果"可以继续编辑在 Flash 中画的矢量图。另一个选项，"单个平面化位图"将把导入的 Illustrator 文件转换为位图。

5. 在"文本转换"选项中，选择"可编辑文本"，如图 3.4 所示。

这个 Illustrator 文件中不包含文本，所以这个选项没有影响。

6. 在"将图层转换为"选项中，选择"Flash 图层"，如图 3.5 所示。

图3.4

图3.5

Flash 会保存 Illustrator 的图层。"单一 Flash 图层"选项将 Illustrator 图层变为一个 Flash 图层，"关键帧"选项将 Illustrator 图层分离为独立的 Flash 关键帧。

7. 单击"确定"。

Flash 将导入 Illustrator 矢量图，并且 Illustrator 文件中的所有图层也会出现在"时间轴"中，如图 3.6 所示。

图3.6

结合使用Adobe Illustrator与Flash

Flash Professional可以导入原始的Illustrator文件，并且自动识别图层、帧和元件。如果熟悉Illustrator，会发现更容易的方法是在Illustrator中设计布局，然后把它们导入到Flash中以添加动画和交互性。

以Illustrator AI格式保存Illustrator作品，然后在Flash中选择"文件" > "导入" > "导入到舞台"或"文件" > "导入" > "导入到库"，把作品导入到Flash中。此外，甚至还可以从Illustrator中复制作品，并把它粘贴到Flash文档中。

导入图层

当导入的Illustrator文件包含图层时，可以用以下任何一种方式导入：

- 把 Illustrator 图层转换为 Flash 图层
- 把 Illustrator 图层转换为 Flash 关键帧
- 把每个 Illustrator 图层都转换为 Flash 图形元件
- 把所有 Illustrator 图层都转换为单个 Flash 图层

导入元件

在Illustrator中处理元件与在Flash中处理相似。事实上，在Illustrator和Flash中可以使用许多相同的针对元件的键盘快捷键，如在这两种应用程序中都可以按下F8键来创建元件。在Illustrator中创建元件时，"元件选项"对话框允许命名元件并设置特定于Flash的选项，包括元件类型（比如影片剪辑）和注册网格位置。

如果想在不干扰其他任何内容的情况下在Illustrator中编辑元件，可以双击元件在隔离模式下编辑它，Illustrator将灰显画板上所有其他的对象。当退出隔离模式时，将会相应地更新"元件"面板中的元件以及元件的所有实例。

在Illustrator中可以使用"元件"面板或"控制"面板给元件实例指定名称、断开元件与实例之间的链接、交换一个元件实例与另一个元件或创建元件的副本。

复制并粘贴图片

在Illustrator与Flash之间复制并粘贴（或拖动并释放）作品时，将会显示"粘贴"对话框，该对话框提供了用于正在复制的Illustrator文件的导入设置。可以把文件粘贴为单个位图对象，也可以使用AI文件的当前首选参数粘贴。就像把文件导入到"舞台"或"库"面板时一样，在粘贴Illustrator作品时，可以把Illustrator图层转换为Flash图层。

3.3 关于元件

元件（symbol）是可以用于特效、动画或交互性的可重用的资源。元件有 3 种：图形、按钮和影片编辑。对于许多动画来说，元件可以减小文件大小和缩短下载时间，因为它们可以重用，可以在项目中无限次地使用一个元件，但是 Flash 只会把它的数据包括一次。

元件存储在"库"面板中。当把元件拖到"舞台"上时，Flash 将会创建元件的一个实例（instance），并把原始的元件保存在"库"中，实例是位于"舞台"上的元件的一个副本。可以把元件视作原始的摄影底片，而把"舞台"上的实例视作底片的相片，只需利用一张底片，即可创建多张相片。

把元件视作容器也是有用的。元件只是用于内容的容器，包含 JPEG 图像、导入的 Illustrator 图画或在 Flash 中创建的图画。在任何时候，都可以进入元件内部并编辑，这说明可以编辑并替换其内容。

Flash 中的全部 3 种元件都用于特定的目的，可以通过在"库"面板中查看元件旁边的图标，辨别它是图形（🖼）、按钮（🖼）或影片剪辑（🖼）。

3.3.1 影片剪辑元件

影片剪辑元件是最常见、最强大、最灵活的元件之一。在创建动画时，通常将使用影片剪辑元件，可以对影片剪辑实例应用滤镜、颜色设置和混合模式，以利用特效丰富其外观。

另一个值得注意的事实是：影片剪辑元件可以包含它们自己独立的"时间轴"。可以在影片剪辑元件内具有一个动画，就像可以在主"时间轴"上具有一个动画那样容易，这使得制作非常复杂的动画成为可能。例如，飞越"舞台"的蝴蝶可以从左边移动到右边，同时使它拍打的翅膀独立于它的移动。

更重要的是，可以利用 ActionScript 控制影片剪辑，使它们对用户做出响应。例如，影片剪辑可以具有拖放行为。

3.3.2 按钮元件

按钮元件用于交互性，包含 4 个独特的关键帧，用于描述当与光标交互时的显示。按钮需要 ActionScript 功能，以使它们能够工作。

可以对按钮应用滤镜、混合模式和颜色设置。在第 6 课中，当创建非线性导航模式以允许用户选择所看到的内容时，将学到关于按钮的更多知识。

3.3.3 图形元件

图形元件是基本类型的元件。尽管可以把它们用于动画，但还是会更加强烈地依赖于影片剪辑元件。因为图形元件是最不灵活的元件，它们不支持 ActionScript，并且不能对图形元件应用滤镜或混合模式。不过，在某些情况下，当要使图形元件内的动画与主"时间轴"同步时，图形元件就是有用的。

3.4 创建元件

在 Flash 中，可以用两种方式创建元件。第一种方式是在"舞台"上不选取任何内容，然后选择"插入">"新建元件"，进入元件编辑模式后就可以开始绘制或导入用于元件的图形了。

第二种方式是选取"舞台"上现有的图形，然后选择"修改">"转换为元件"（F8 键）。这将把选取的内容都自动放在新元件内。

> **FL** | 注意：当使用"转换为元件"时，实际上不会"转换"任何内容，而是把所选的内容都放在元件内。

这两种方法都是有效的，使用哪种方法决定于特定的工作流程首选参数。大多数设计师更喜欢使用"转换为元件"命令（F8 键），因为他们可以在"舞台"上创建所有的图形，并在把各个组件转变为元件之前一起查看。

对于本课程，将选取导入的 Illustrator 图形的不同部分，然后把各个不同的部分转换为元件。

1. 在"舞台"上，选取 hero 图层中的卡通人物，如图 3.7 所示。
2. 选择"修改">"转换为元件"（F8 键）。
3. 将元件命名为"hero"，并为类型选择"影片剪辑"。
4. 保持所有其他设置不变。注册点表示元件的中点（$x=0$，$y=0$）和变形点。保持注册点位置于左上角，如图 3.8 所示。
5. 单击"确定"按钮。hero 元件将出现在"库"中，如图 3.9 所示。

图3.7

| 图3.8 | 图3.9 |

6. 选取 robot 图层中的另一个卡通人物，也把它转换为影片剪辑元件，并把它命名为"robot"。现在，在"库"中有两个影片剪辑元件，并且在"舞台"上还有每个元件的一个实例。

3.5 导入 Photoshop 文件

将导入的 Photoshop 文件作为背景，Photoshop 文件包含两个图层以及一种混合效果。混合效果可以在不同图层之间创建特殊的颜色混合，Flash 在导入 Photoshop 文件时可以保持所有图层不变，并且还会保留所有的混合信息。

1. 在"时间轴"中选择顶部的图层。

2. 从顶部的菜单中，选择"文件">"导入">"导入到舞台"。

3. 在 Lesson03/03Start 文件夹中选择 background.psd 文件。

FL │ **注意**：如果无法选择.psd文件，可以从下拉菜单中选择"所有文件"。

4. 单击"打开"按钮。

将出现"导入到舞台"对话框，如图 3.10 所示。

图3.10

5. 在"图层转换"选项中选择"保持可编辑路径和效果",如图 3.11 所示。

Photoshop 中的变亮混合效果将被保留。

6. 在"文本转换"选项中选择"可编辑文本",如图 3.12 所示。

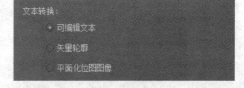

图3.11   图3.12

这个 Photoshop 文件不包含文本,所以这个设置不起作用。

7. 在"将图层转换为"选项中选择"Flash 图层",
   如图 3.13 所示。

Flash 保留了 Photoshop 中的图层。"单一 Flash 图
层"选项将 Photoshop 图层变为一个 Flash 图层,"关键帧"
选项将 Photoshop 图层分离为独立的 Flash 关键帧。

图3.13

可以改变 Flash "舞台"大小来匹配 Photoshop 画布。然而,当前"舞台"已经被设置为正确
的大小(600 像素 ×450 像素)。

8. 单击"确定"按钮。两个 Photoshop 图层将被导入 Flash 中,并被置于"时间轴"中单独的
   图层上,如图 3.14 所示。

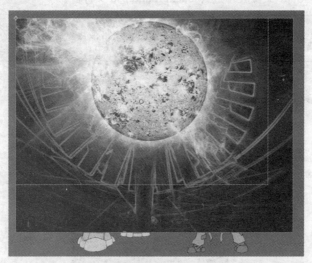

图3.14

Photoshop 图像将自动被转换为影片剪辑元件,并且保存在"库"中。影片剪辑元件被包含在
"background.psd 资源"文件夹中,如图 3.15 所示。

所有的混合和透明度信息都会保留下来。如果选取 flare 图层中的图像,将会在"属性"检查
器中的"显示"区域中看到"混合"选项被设置为"变亮",如图 3.16 所示。

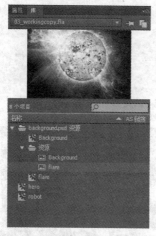

图3.15 图3.16

9. 把 robot 和 hero 图层拖到"时间轴"的顶部，使得它们盖住背景图层。

注意： 如果想编辑 Photoshop 文件，不必再次执行整个导入过程，可以在 Adobe Photoshop 或任何其他的图像编辑应用程序中的"舞台"上或"库"面板中编辑，只需用鼠标右键单击或按住 Ctrl 键并单击图像，进行编辑即可。Flash 将启动该应用程序，一旦保存了所做的更改，就会立即在 Flash 中更新图像，但要确保用鼠标右键单击或按住 Ctrl 键并单击的是"舞台"上或"库"中的图像，而不是影片剪辑。

关于图像格式

Flash支持导入多种图像格式。Flash可以处理JPEG、GIF、PNG和PSD（Photoshop）文件；对于包含渐变和细微变化（如照片中出现的那些变化）的图像，可以使用JPEG文件；对于具有较大的纯色块或黑色和白色线条画的图像，可使用GIF文件；对于包括透明度的图像，可使用PNG；如果想保留来自Photoshop文件的所有图层、透明度和混合信息，则可使用PSD文件。

把位图图像转换为矢量图形

有时会把位图图像转换为矢量图形，Flash把位图图像作为一系列彩色点（或像素）进行处理，而把矢量图形作为一系列线条和曲线进行处理。这种矢量信息是动态呈现的，因此矢量图形的分辨率不像位图图像那样是固定不变的，这说明可以放大矢量图形，而计算机总会清晰、平滑地显示它。把位图图像转换为矢量图形通常具有使之看起来像"多色调分色相片"的作用，因为细微的渐变将被转换为可编辑的、不连续的色块，这是一种有趣的效果。

要把位图转换为矢量图形，可以把位图图像导入到Flash中。选取位图，并选择"修改"＞"位图"＞"转换位图为矢量图"。

如图3.17所示，下面的两幅图像中，左图是原始位图，右图是矢量图形。

图3.17

在使用"转换位图为矢量图"命令时一定要小心谨慎，因为与原始位图图像相比，复杂的矢量图形通常要占用更多的内存，并且需要更多的计算机处理器周期。

3.6 编辑和管理元件

现在，在"库"中具有多个影片剪辑元件，并且在"舞台"上具有多个实例。可以通过在文件夹中组织这些元件，更好地在"库"中管理它们。可以随时编辑任何元件，例如，如果想要更改机器人的其中一只手臂的颜色，可以轻松地进入元件编辑模式并进行更改。

3.6.1 添加文件夹和组织"库"

1. 在"库"面板中，用鼠标右键单击或按住 Ctrl 键并单击空白空间，然后选择"新建文件夹"。此外，也可以单击"库"面板底部的"新建文件夹"按钮（▨）。
这会在"库"中创建一个新文件夹。
2. 把该文件夹命名为"characters"，如图 3.18 所示。
3. 把 hero 和 robot 影片剪辑元件拖到 characters 文件夹中。
4. 可以折叠或展开文件夹，以隐藏或显示的内容，并保持"库"有序，如图 3.19 所示。

图3.18   图3.19

3.6.2 从"库"中编辑元件

1. 在"库"中双击 robot 影片剪辑元件，如图 3.20 所示。

在元件编辑模式下，可以查看元件的内容，在这个例子中是"舞台"上的机器人。注意顶部的水平条不再处于"场景 1"中，而是处于名为"robot"的元件内。

2. 双击图像进行编辑时，会需要多次双击图组，以找到要编辑的单个形状，如图 3.21 所示。

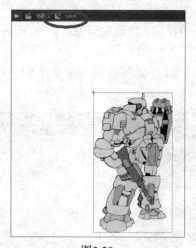

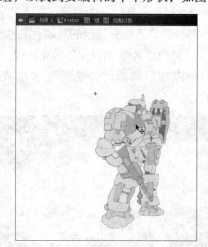

图3.20   图3.21

3. 选择"颜料桶"工具。选取新的填充颜色，并把它应用于机器人图像上，如图 3.22 所示。

4. 在"舞台"上方的顶部水平条中单击"场景 1"，返回到主"时间轴"，如图 3.23 所示。

"库"中的影片剪辑元件反映了所做的修改。"舞台"上的实例也反映了对元件所做的修改。如果编辑元件，"舞台"上的所有元件都会相应地发生改变。

图3.22   图3.23

FL **注意：** 在"库"中可以快速、容易地复制元件。选取"库"元件，用鼠标右键单击或按住Ctrl键并单击它，然后选择"复制"，或从"库"右上角的"选项"菜单中选择"复制"，在"库"中创建所选元件的精确副本。

3.6.3 就地编辑元件

要在"舞台"上其他对象的环境中编辑元件，可以通过在"舞台"上双击一个实例来执行该任务。进入元件编辑模式能够查看其周围的环境，这种编辑模式称为就地编辑（editinginplace）。

1. 使用"选择"工具，双击"舞台"上的 robot 影片剪辑实例，如图 3.24 所示。

Flash 将灰显舞台上所有其他的对象，并进入元件编辑模式。注意顶部的水平条，不再处于"场景 1"当中，而是处于名为"robot"的元件内。

2. 双击图像进行编辑时，会需要多次双击图组，以找到要编辑的单个形状，如图 3.25所示。

图3.24   图3.25

3. 选择"颜料桶"工具，选取新的填充颜色，并把它应用于机器人图像上，如图 3.25 所示。

4. 在"舞台"上方的顶部水平条中单击"场景1"，返回到主"时间轴"，如图3.27所示。也可以只双击"舞台"上该图形外面的任何部分，返回到下一个更高的组级别。

"库"中的影片剪辑元件反映了所做的修改，"舞台"上的所有元件都会根据对元件所做的编辑工作而发生相应的改变。

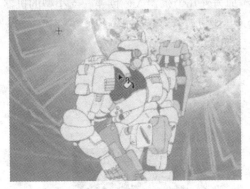

图3.26

图3.27

3.6.4 分离元件实例

如果不希望"舞台"上的某个对象是一个元件实例，可以使用"分离"命令把它返回到其原始形式。

1. 选取"舞台"上的机器人实例。

2. 选择"修改">"分离"，如图3.28所示。

Flash 将会分离 robot 影片剪辑实例。留在舞台上的是一个组，也可进一步分离并进行编辑。

3. 再次选择"修改">"分离"，如图3.29所示。

Flash 将把组分离成它的独立的组件，也就是更小的图像。

4. 再一次选择"修改">"分离"，如图3.30所示。

Flash 将图像分离为形状。

图3.28

图3.29

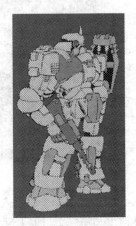

图3.30

5. 选择"编辑">"撤销",重复几次来将 robot 恢复到元件实例。

3.7 更改实例的大小和位置

"舞台"上可以有相同元件的多个实例。现在,将添加另外几个机器人,创建一支小型的机器人军队,可以学习如何单独更改每个实例的大小和位置(甚至更改其旋转方式)。

1. 在"时间轴"中选择 robot 图层。

2. 从"库"中把另一个 robot 元件拖到"舞台"上。

"舞台"上将显示新实例,如图 3.31 所示。

3. 选择"任意变形"工具,如图 3.32 所示。

在所选的实例周围将出现控制句柄。

图3.31

图3.32

4. 拖动选区两边的控制句柄翻转机器人,使得它面向另一个方向,如图 3.33 所示。

5. 在按住 Shift 键的同时拖动选区某个角上的控制句柄,以减小机器人的大小,如图 3.34 所示。

图3.33

图3.34

6. 从"库"中把第三个机器人拖到"舞台"上。利用"任意变形"工具翻转机器人,调整它的大小,并使之与第二个机器人部分重叠。将人物挪动到合适的位置,如图 3.35 所示。

机器人军队正在不断发展壮大，要注意不管怎样编辑实例都不会改变"库"中的元件，并且不会影响到其他的实例。而另一方面，改变"库"中的元件将会影响到所有实例。

图3.35

使用标尺和辅助线

有时需要更精确地放置元件实例。在第 1 课中，学习了如何在"属性"检查器中使用 x 和 y 坐标来定位各个对象。在第 2 课中，学习了使用"对齐"面板使多个对象相互对齐。

在"舞台"上定位对象的另一种方式是使用标尺和辅助线。标尺出现在粘贴板的上边和左边，沿着水平轴和垂直轴提供度量单位。辅助线是出现在"舞台"上的水平线或垂直线，但是它不会出现在最终发布的影片中。

1. 选择"视图 ">"标尺"（按 Ctrl+Alt+Shift+R（Windows）组合键或 Option+Shift+Command+R（Mac）组合键），如图 3.36 所示。

以像素为单位进行度量的水平标尺和垂直标尺分别出现在粘贴板的上边和左边，在"舞台"上移动对象时，标记线表示边界框在标尺上的位置。

图3.36

2. 单击顶部的水平标尺，并拖动一条辅助线到"舞台"上，如图 3.37 所示。

"舞台"上将出现一条彩色线条，可把它用于对齐。

3. 利用"选择"工具双击辅助线。

出现"移动辅助线"对话框。

4. 输入"435"作为辅助线的新像素值，然后单击"确定"按钮，如图3.38所示。

图3.37

图3.38

把辅助线定位于距离"舞台"上边缘435像素处。

5. 选择"视图" > "贴紧" > "贴紧至辅助线"，确保选中"贴紧至辅助线"选项。

现在将对象贴紧至"舞台"上的任何辅助线。

6. 拖动robot实例和hero实例，使得它们的底部边缘与辅助线对齐，如图3.39所示。

图3.39

> **FL**　**注意：** 可选择"视图" > "辅助线" > "锁定辅助线"来锁定辅助线，以防止意外移动它们；可以选择"视图" > "辅助线" > "清除辅助线"来清除所有的辅助线；可以选择"视图" > "辅助线" > "编辑辅助线"来更改辅助线的颜色和贴紧精确度。

3.8　更改实例的色彩效果

"属性"检查器中的"色彩效果"选项允许更改任何实例的多种属性。这些属性包括亮度、色调和Alpha值。

亮度控制显示实例的暗度和亮度；色调控制总体色彩；Alpha值控制不透明度，减小Alpha值将减小不透明度，即增加透明度。

3.8.1　更改亮度

1. 使用"选择"工具，单击"舞台"上最小的机器人。

2. 在"属性"检查器中，从"色彩效果"的"样式"菜单中选择"亮度"，如图3.40所示。

3. 把"亮度"滑块拖到-40%。

"舞台"上的robot实例将变得更暗，并且看起来好像更遥远，如图3.41所示。

图3.40   图3.41

3.8.2 更改透明度

1. 在 flare 图层中选取发光的天体。

2. 在"属性"检查器中，从"色彩效果"的"样式"菜单中选择 Alpha，如图 3.42 所示。

3. 把 Alpha 滑块拖动到值 50%。

"舞台"上的 flare 图层中的天体将变得更透明，如图 3.43 所示。

> **FL** | **注意**：要重新设置任何实例的"色彩效果"，可以从"样式"菜单中选择"无"。

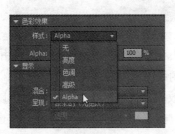

图3.42   图3.43

3.9 了解显示选项

在影片剪辑的"属性"检查器中的"显示"区域提供了用于控制实例的可见、混合和呈现的选项。

3.9.1 影片剪辑的可见选项

可见属性决定了对象是否可见。

通过选择或取消选择"属性"检查器中的该选项,可以直接控制"舞台"上的影片剪辑实例的可见属性。

1. 选取"选择"工具。

2. 选择"舞台"上的一个机器人影片剪辑实例。

3. 在"属性"检查器中,"显示"区域的下方,"可见"选项默认是选中的,这说明此实例是可见的,如图 3.44 所示。

4. 取消选择"可见"复选框。

选中的实例将变得不可见,如图 3.45 所示。

图3.44

图3.45

实例呈现在"舞台"上,可以将它移到新位置,但是依旧对观众不可见。在影片中,使用"可见"选项来使实例显示或不显示,而不是将其整个删掉,也可以使用"可见"选项将不可见的实例预先放置在"舞台"上,之后再通过 ActionScript 使之可见。

选中"可见"选项使它在"舞台"上重新可见。

3.9.2　了解混合效果

混合是指一个实例的颜色如何同它下面的颜色相互作用。如对 flare 图层中的实例应用"变亮"选项(继承自 Photoshop),使它与 Background 图层中的实例更深地融为一体。

有许多种"混合"选项,其中有一些具有令人惊奇的效果,这依赖于实例中的颜色以及它下面的图层中的颜色。试验所有的选项,了解它们如何工作。图 3.46 显示了一些"混合"选项,以及它们对于蓝色到黑色渐变上的 robot 实例的作用。

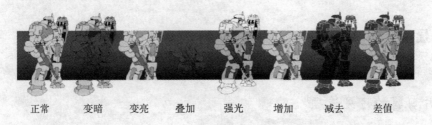

正常　　变暗　　变亮　　叠加　　强光　　增加　　减去　　差值

图3.46

3.9.3 导出为位图

在本课中的 robots 和 hero 人物是从 Illustrator 导入的包含复杂矢量图形的影片剪辑元件。矢量图形会占用更多的处理器周期，并且影响性能和播放。呈现选项中的"导出为位图"可以解决这个问题。"导出为位图"选项将矢量图转换为位图，降低了性能负荷（增加了内存占用）。然而在 .fla 文件中，影片剪辑依然保留了可编辑的矢量图形，依旧可以更改图像。

1. 选取"选择"工具。

2. 选择"舞台"上的 hero 影片剪辑实例。

3. 在"属性"检查器中，将"呈现"选项选择为"导出为位图"，如图 3.47 所示。

hero 影片剪辑实例将会呈现出发布时经过渲染的效果。

由于图片的网格化，可看到一些 Illustrator 的"软化"效果。

4. 在"呈现"选项下方的下拉菜单中，选择"透明"，如图 3.48 所示。

图3.47

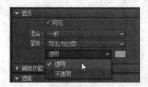

图3.48

若选择"透明"选项，影片剪辑元件的背景将呈现为透明，也可以选择"不透明"选项，然后为影片剪辑元件选择一个背景颜色。

3.10 应用滤镜以获得特效

滤镜是可以应用于影片剪辑实例的特效。"属性"检查器的"滤镜"区域中提供了多种滤镜，每种滤镜都具有不同的选项，可用于美化效果。

3.10.1 应用"模糊"滤镜

对一些实例应用"模糊"滤镜，以给场景提供更好的深度感。

1. 选取 flare 图层中发光的天体。

2. 在"属性"检查器中，展开"滤镜"区域。

3. 单击"滤镜"区域底部的"添加滤镜"按钮，并选择"模糊"，如图 3.49 所示。

在"模糊"窗口中将出现"模糊"滤镜，它带有"模糊 X"和"模糊 Y"的选项。

4. 如果"模糊 X"和"模糊 Y"尚未链接，可以单击"模糊 X"和"模糊 Y"选项旁边的链接图标，链接两个方向上的模糊效果。

5. 将"模糊 X"和"模糊 Y"的值设置为 10 像素，如图 3.50 所示。

图3.49

"舞台"上的实例将变模糊，这有助于给该场景提供一种大气的透视效果，如图 3.51 所示。

图3.50   图3.51

FL 注意：最好把"滤镜"的"品质"设置保持为"低"。较高的设置会使处理器紧张，并且可能损害性能，尤其是当应用了多种滤镜时更是如此。

3.10.2 更多的滤镜选项

在"滤镜"窗口底部是一排选项，可以帮助管理和应用多种滤镜，如图 3.52 所示。

"预设"按钮允许保存特定的滤镜及其设置，以便把它应用于另一个实例。"剪贴板"按钮允许复制并粘贴任何所选的滤镜。"启用或禁用滤镜"按钮允许查看已应用或未应用滤镜的实例。"重置滤镜"按钮将把滤镜参数重置为它们的默认值。

图3.52

3.11 在 3D 空间中定位

有时需要具有在真实的三维空间中定位对象并制作动画的能力，不过，这些对象必须是影片剪辑元件，以便把它们移入 3D 空间中。有两个工具允许在 3D 空间中定位对象："3D 旋转"工具和"3D 平移"工具。"变形"面板也提供了用于定位和旋转的信息。

理解 3D 坐标空间是在 3D 空间中成功地放置对象所必不可少的。Flash 使用 3 根轴来（x 轴、y 轴和 z 轴）划分空间。x 轴水平穿越"舞台"，并且左边缘的 x=0；y 轴垂直穿越"舞台"，并且上边缘的 y=0；z 轴则进出"舞台"平面（朝向或离开观众），并且"舞台"平面上的 z=0。

3.11.1 更改对象的 3D 旋转

向图像中添加一些文本，但是为了增加一点趣味性，可使之倾斜，以便符合透视法则来放置它。考虑电影 StarWars（《星球大战》）开头的文字介绍，看看是否可以实现相似的效果。

1. 在图层组顶部插入一个新图层，并把它重命名为"text"，如图 3.53 所示。

2. 从"工具"面板中选择"文本"工具。

3. 在"属性"检查器中，选择"静态文本"，并选择一种大号且带有特别色彩的字体，以增加活力。所选字体可能看起来稍微不同于本课中显示的字体，这取决于计算机上可用的字体。

4. 在 text 图层中，在"舞台"上单击，开始输入标题，如图 3.54 所示。

图3.53

图3.54

5. 要退出"文本"工具，可选取"选择"工具。

6. 保持文本选中状态，选择"修改" > "转换为元件"（F8 键）。

7. 在"转换为元件"对话框中，输入名称为"title"并选择类型为"影片剪辑"，如图 3.55 所示。单击"确定"按钮。

这个文本实例将被转换为影片剪辑元件，并且在"舞台"上保留一个实例，如图 3.56 所示。

图3.55

图3.56

8. 选择"3D 旋转"工具（ ）。

实例上出现了一个圆形的彩色靶子，这是用于 3D 旋转的辅助线，如图 3.57 所示。把这些辅助线视作地球仪上的线条，红色经线围绕 x 轴旋转实例，沿着赤道的绿线围绕 y 轴旋转实例，圆形蓝色辅助线则围绕 z 轴旋转实例。

9. 单击其中一条辅助线（红线用于 x 轴，绿线用于 y 轴，蓝线用于 z 轴），可在任何一个方向上拖动鼠标，使之在 3D 空间中旋转实例，如图 3.58 所示。

也可以单击并拖动外部的橙色圆形辅助线，并在 3 个方向上任意旋转实例。

图3.57

图3.58

3.11.2　更改对象的 3D 位置

除了更改对象在 3D 空间中的旋转方式之外，还可以把它移到 3D 空间中的特定点处，可以使用 "3D 平移" 工具，它隐藏在 "3D 旋转" 工具之下。

1. 选择 "3D 平移" 工具

2. 单击文本。

实例上将出现辅助线，这是用于 3D 平移的辅助线，如图 3.59 所示。红色辅助线表示 x 轴，绿色辅助线表示 y 轴，蓝色辅助线表示 z 轴。

3. 单击其中一个辅助线，并在任何一个方向上拖动鼠标，在 3D 空间中移动实例，如图 3.60 所示。注意当在 "舞台" 周围移动文本时，它仍将保持在透视图内。

图3.59

图3.60

全局变形与局部变形

在选择 "3D 旋转" 或 "3D 平移" 工具时，要了解 "工具" 面板底部的 "全局变形" 选项（它显示为一个三维立方体）。在单击 "全局变形" 选项时，旋转和定位将相对于全局（或 "舞台"）坐标系统进行。不论对象如何旋转或移动，3D 视图在固定的位置都显示 3 根轴，注意，如图 3.61 所示，3D 视图总是垂直于 "舞台"。

不过，当关闭 "全局变形" 选项（释放该按钮）时，旋转和定位将相对于对象进行。3D 视图显示了相对于对象（而不是 "舞台"）定位的 3 根轴。例如，如图 3.62 所示，注意 "3D 平移" 工具显示了从矩形（而不是 "舞台"）伸出的 z 轴。

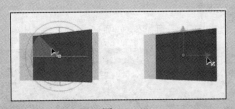

图3.61

图3.62

3.11.3　重置变形

如果在 3D 变形中出错，并且希望重置实例的变形和旋转，可以使用 "变形" 面板。

1. 选取"选择"工具，并选择要重置的实例。

2. 选择"窗口">"变形"，打开"变形"面板。

"变形"面板将显示 x、y 和 z 的角度和定位的所有值。

3. 单击"变形"面板右下角的"取消变形"按钮，如图 3.63 所示。

所选的实例将返回到其原始设置。

图3.63

3.11.4　了解消失点和透视角度

在 2D 平面（比如计算机屏幕）上表示的 3D 空间中的对象是利用透视图呈现的，以使它们看上去像现实中一样。正确的透视图取决于许多因素，包括消失点（vanishingpoint）和透视角度（perspectiveangle），在 Flash 中可以更改它们。

消失点确定透视图的水平平行线汇聚于何处，可以想象铁路轨道以及当平行铁轨越来越遥远时它们如何汇聚于一点。消失点通常位于视野中心与眼睛水平的位置，因此默认的设置正好在"舞台"的中心。不过，可以更改消失点设置，使之出现在眼光水平位置的上、下、左、右。

透视角度确定平行线能够多快地汇聚于消失点，角度越大，汇聚得越快，因此插图会看起来更费力、更扭曲。

1. 在"舞台"上选取已经在 3D 空间中移动或旋转了的对象。

2. 在"属性"检查器中，展开"3D 定位和视图"区域，如图 3.64 所示。

图3.64

3. 单击并拖动"消失点"的 x 值和 y 值，更改消失点，在"舞台"上通过相交的灰线表示，如图 3.65 所示。

4. 要将"消失点"重置为默认值（"舞台"的中心），可单击"重置"按钮。

5. 单击并拖动"透视角度"值，更改扭曲程度。角度越大，扭曲越明显，如图 3.66 所示。

图3.65

图3.66

3.12 复习

复习题

1. 什么是元件，它与实例之间有什么区别？

2. 指出可用于创建元件的两种方式。

3. 在导入 Illustrator 文件时，如果选择将图层导入为图层，则会发生什么？如果选择将图层导入为关键帧，则又会发生什么？

4. 在 Flash 中怎样更改实例的透明度？

5. 编辑元件的两种方式是什么？

复习题答案

1. 元件是图形、按钮或影片剪辑，在 Flash 中只需创建它们一次，然后就可以在整个文档或其他文档中重用它们。所有元件都存储在"库"面板中。实例是位于"舞台"上的元件的副本。

2. 创建元件有两种方式，第一种方式是选择"插入" > "新建元件"；第二种方式是选取"舞台"上现有的对象，然后选择"修改" > "转换为元件"。

3. 当把 Illustrator 文件中的图层导入为 Flash 中的图层时，Flash 将识别 Illustrator 文档中的图层，并在"时间轴"中把它们添加为单独的图层。当把图层导入为关键帧时，Flash 将把每个 Illustrator 图层都添加到"时间轴"当中的单独的帧中，并为它们创建关键帧。

4. 实例的透明度是由 Alpha 值确定的。要更改透明度，可以在"属性"检查器中从"色彩效果"菜单中选择 Alpha，然后更改 Alpha 的百分数。

5. 编辑元件的两种方式是：双击"库"中的元件进入元件编辑模式；或双击"舞台"上的实例就地进行编辑。就地编辑元件允许查看实例周围的其他对象。

第4课 添加动画

课程概述

在这一课中，将学习如何执行以下任务：

- 制作对象位置、缩放和旋转的动画
- 调整动画的播放速度（pacing）和播放时间（timing）
- 制作透明度和特效的动画
- 更改运动的路径
- 在元件内创建动画
- 更改动画的缓动（easing）
- 在3D空间中制作动画
-

　　完成本课程的学习需要大约两个小时的时间。如果需要，可以从硬盘驱动器上删除前一课的文件夹，并把Lesson04文件夹复制其上。

　　随着时间的推移，可以使用 Flash Professional 更改对象的几乎所有方面，包括位置、颜色、透明度、大小和旋转等。补间动画是利用元件实例创建动画的基本技术。

4.1 开始

查看完成的影片文件，了解将在本课程中创建的动画式标题页面。

FL | 注意：请先将光盘中有关这一课的内容复制到电脑中。

1. 双击 Lesson04/04End 文件夹中的 04End.html 文件，播放动画，如图 4.1 所示。

图4.1

这个项目是一个动画式醒目页面，用于即将发布的虚拟运动图片。在本课程中，将使用补间动画（motiontween）对页面上的多个组成部分进行制作，包括城市风光、主要演员、几辆老式汽车和主标题。

2. 关闭 04End.swf 文件。

3. 双击 Lesson04/04Start 文件夹中的 04Start.fla 文件，在 Flash 中打开初始项目文件。该文件完成了一部分，并且已经包含导入到"库"中提供使用的许多图形元素。

4. 选择"视图">"缩放比率">"符合窗口大小"，或从"舞台"上方的视图选项中选择"符合窗口大小"，使得可以在自己的计算机屏幕上查看整个"舞台"。

5. 选择"文件">"另存为"。把文件命名为"04_workingcopy.fla"，并把它保存在 04Start 文件夹中。保存工作副本可以确保要重新开始时，可以使用原始起始文件。

4.2 关于动画

动画是对象随着时间的推移而发生的运动或变化。动画可以像从一个帧到下一个帧移动盒子经过"舞台"那样简单，也可以复杂得多。在本课程中将看到，把单个对象的许多不同方面制作成动画，可以更改对象在"舞台"上的位置，改变它们的颜色和透明度，更改它们的大小和旋转方式，甚至对特殊滤镜制作动画。还可以控制对象的运动路径，甚至控制它们的缓动，它是对象加速或减速的方式。

动画制作的基本流程如下：要在 Flash 中制作动画，先选取"舞台"上的对象，用鼠标右键单击或按住 Ctrl 键并单击它，然后从上下文菜单中选择"创建补间动画"。接着把红色播放头移到"时间轴"中的不同点处，并把对象移到一个新位置，Flash 会负责做余下的工作。

补间动画（motiontween）将为"舞台"上位置的改变以及大小、颜色或其他属性的改变创建动画。补间动画要求使用元件实例。如果所选的对象不是一个元件实例，Flash 将自动要求把所选内容转换为元件。

Flash 还会自动把补间动画分隔在图层上，这些图层称为"补间"图层。每个图层中只能有一个补间动画，而不能有任何其他的元素。"补间"图层允许随着时间的推移在不同的关键点处更改实例的多种属性。例如，航天飞机可以位于"舞台"左边的开始关键帧上以及"舞台"最右边的结束关键帧上，由此得到的补间将使航天飞机飞越"舞台"。

术语"补间"来自于经典动画领域。高级动画师负责绘制人物的开始和结束姿势，开始和结束姿势是动画的关键帧。然后由初级动画师绘制中间的帧，或做一些中间工作。因此，"补间"是指关键帧之间的平滑过渡。

4.3 了解项目文件

04Start.fla 文件包含几个已经完成或部分完成的动画式元素。6 个图层（man、woman、Middle_car、Right_car、footer 和 ground）中的每个图层都包含一个动画。man 和 woman 图层位于名为 actors 的文件夹中，Middle_car 和 Right_car 图层则位于名为 cars 的文件夹中，如图 4.2 所示。

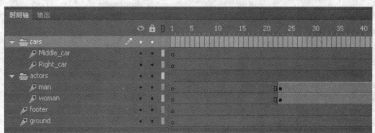

图4.2

可以添加更多的图层以丰富动画式城市风光，并美化其中一位演员的动画，以及添加第三辆汽车和一个 3D 标题。所有必需的图形元素都已经导入到"库"面板中。"舞台"被设置为 1280 像素×787 像素的充满高分辨率的显示器，并且"舞台"颜色被设置为黑色。若需要选择不同的视图选项来查看整个"舞台"，可选择"视图">"缩放比率">"符合窗口大小"或从"舞台"右上角的视图选项中选择"符合窗口大小"，以适合屏幕的缩放百分比来查看"舞台"，如图 4.3 所示。

图4.3

4.4 设置动画的位置

通过制作城市风光的动画来开始这个项目。它将开始于比"舞台"上边缘稍低一点的位置,然后缓慢上升,直至其顶部与"舞台"顶部对齐。

1. 锁定所有现有的图层,使得不会意外地修改它们。在 footer 图层上创建一个新图层,并把它重命名为"city",如图 4.4 所示。

图4.4

2. 从"库"面板中的 bitmaps 文件夹中把名为"cityBG.jpg"的位图图像拖到"舞台"上,如图 4.5 所示。

图 4.5

3. 在"属性"检查器中,将 x 的值设置为 0,将 y 的值设置为 90,如图 4.6 所示。

这将把城市风光图像定位于比"舞台"的上边缘稍低的位置。

4. 用鼠标右键单击或按住 Ctrl 键并单击城市风光图像,并选择"创建补间动画",如图 4.7 所示。从顶部的菜单中,也可以选择"插入" > "补间动画"。

图4.6

图4.7

5. 将出现一个对话框，警告所选的对象不是一个元件，补间动画需要元件。Flash 将询问是否想把所选的内容转换为元件，以便它可以继续处理补间动画，如图 4.8 所示。单击"确定"按钮。

Flash 会自动把所选的内容转换为元件，并将其保存在"库"面板中。Flash 还会把当前图层转换为"补间"图层，以便开始对实例制作动画。通过图层名称前面的特殊图标来区分"补间"图层，并且其中的帧被设置成蓝色。"补间"图层被保留用于补间动画，因此不允许在"补间"图层上绘制对象，如图 4.9 所示。

图4.8

图4.9

6. 把红色播放头移到补间范围的末尾，即第 190 帧。

7. 在"舞台"上选取城市风光的实例，并在按住 Shift 键的同时在"舞台"上把该实例向上移动。按住 Shift 键用于限制沿直角移动。

8. 为了更精确，可以在"属性"检查器中把 y 的值设置为 0。

在补间范围末尾的第 190 帧中出现一个小黑色三角形，这表示关键帧位于补间的末尾，如图 4.10所示。

FL ｜ **注意**：隐藏所有其他的图层，查看城市风光上的补间动画的结果。

Flash 将平滑地在第 1 帧～第 190 帧的位置中插入变化，并用运动路径表示此动画，如图 4.11所示。

图4.10

图4.11

9. 在"时间轴"顶部来回拖动播放头，查看平滑的动画。也可以选择"控制">"播放"（Enter 键），使 Flash 播放动画。

FL 注意：要删除补间动画，可以在"时间轴"或"舞台"上用鼠标右键单击或按住Ctrl 键并单击补间动画，然后选择"删除补间"。

制作位置中的变化的动画很简单，因为当把实例移到新位置时，Flash 会自动在这些位置创建关键帧。如果想让对象移动到许多不同的位置，只需把红色播放头移到想要移到的帧上，然后把对象移至其新位置，Flash 会负责做其余的工作。

使用"控制"来预览动画

"控制"面板可以用来播放、回放或在"时间轴"上向前或向后一步一步地查看动画。

直接使用集成在"时间轴"底部的播放控制，或选择"控制"菜单中的播放命令。

1. 单击"时间轴"下方的播放控制中的按钮，可以转到第一帧、转到最后一帧、播放、暂停、向前或向后移动一帧，如图 4.12 所示。

2. 选择"时间轴"底部的循环选项，并单击播放按钮。

播放头将循环播放，可以用来一遍又一遍地观看动画来仔细检查。

3. 移动"时间轴"上的前括号或后括号来定义想要循环播放的帧的范围，如图 4.13 所示。

图4.12   图4.13

播放头将在括号之间的帧内循环。再次单击循环选项以关闭循环。

4.5 改变播放速度和播放时间

可以通过在"时间轴"上单击并拖动关键帧，更改整个补间范围的持续时间，或更改动画的播放时间。

4.5.1 更改动画持续时间

如果想让动画以较慢的速度进行，会占据一段较长的时间，就需要延长开始关键帧与结束关键帧之间的整个补间范围。如果想缩短动画，就需要减小补间范围，可以通过在"时间轴"上拖动补间范围的末尾来延长或缩短补间动画。

1. 把光标移到补间末位附近。

当光标将变为双箭头时，表示可以延长或缩短补间范围，如图 4.14 所示。

2. 单击补间范围的末尾，并朝着第 60 帧向后拖动。

补间动画将缩短至 60 帧，因此现在城市风光的移动时间要短得多，如图 4.15 所示。

图4.14

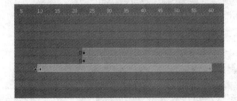

图4.15

3. 把光标移到补间范围开始处（在第 1 帧）附近，如图 4.16 所示。

4. 单击补间范围的开始处，并向前拖动到第 10 帧，如图 4.17 所示。

补间动画将开始于一个更早的时间，因此它现在只会从第 10 帧播放到第 60 帧。

> **FL** | **注意：** 如果补间中具有多个关键帧，拖长补间范围将均匀地分布所有关键帧。整个动画的播放时间将保持相同，只有长度会发生变化。

图4.16

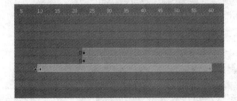

图4.17

4.5.2 添加帧

若希望补间动画的最后一个关键帧坚持到动画的整个持续时间，需要添加一些帧，使得动画持续的时间变长。可以通过按住 Shift 键并拖动补间范围的末尾来添加帧。

1. 把光标移到补间范围的末尾附近。

2. 按住 Shift 键，单击补间范围的末尾并向前拖动到第 190 帧，如图 4.18 所示。

补间动画中的最后一个关键帧将保持在第 60 帧，但是将把额外的帧添加到第 190 帧，如图 4.19 所示。

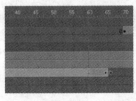

图4.18

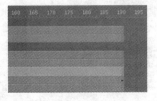

图4.19

4.5.3　移动关键帧

如果希望改变动画的播放速度，可以选择单独的关键帧，单击并拖动这个关键帧到新的位置。

1. 单击第 60 帧的关键帧，如图 4.20 所示。

这样就选取了第 60 帧的关键帧。若一个小方框出现在光标附近，则表示可以移动关键帧。

2. 单击并拖动关键帧到第 40 帧，如图 4.21 所示。

补间动画中的最后一个关键帧将移到第 40 帧，因此城市风光的动画将更快地进行。

图4.20

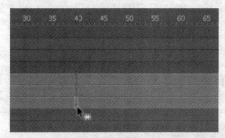

图4.21

基于整体范围的选择 VS 基于帧的选择

　　在默认情况下，Flash不会使用基于整体范围的选择，可以单独选取补间动画中的关键帧。然而，若更喜欢单击补间动画并选中整个补间范围（从起始帧到结束帧之间的所有帧），可以选中"时间轴"右上角的"选项"菜单中的"基于整体范围的选择"。

　　当选中"基于整体范围的选择"选项时，可以单击补间动画的任何地方并选中它，然后在"时间轴"上将整个补间动画作为一个整体前移或后移，如图4.22所示。

　　此时如果想选择单个关键帧，可以按住Ctrl（Windows）键或Command（Mac）键并单击一个关键帧。

图4.22

4.6　制作具有透明度的动画

　　在前一课中，学习了如何更改元件实例的色彩效果以更改透明度、色调或亮度。可以更改一个关键帧中的实例的色彩效果，更改另一个关键帧中的色彩效果的值，而 Flash 将自动显示平滑的变化，就像它处理位置中的变化一样。

更改开始关键帧中的城市风光，使之完全透明，但是会保持末尾关键帧中的城市风光不透明。Flash 将创建平滑的淡入效果。

1. 把红色播放头移到补间动画的第一个关键帧（第 10 帧），如图 4.23 所示。

2. 选取"舞台"上的城市风光实例。

3. 在"属性"检查器中，为"色彩效果"选择 Alpha 选项，如图 4.24 所示。

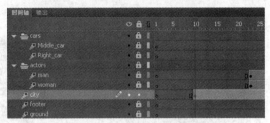

图4.23

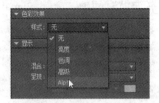

图4.24

4. 把 Alpha 值设置为 0%，如图 4.25 所示。

"舞台"上的城市风光实例将变成完全透明，如图 4.26 所示。

5. 把红色播放头移到补间动画的最后一个关键帧（第 40 帧），如图 4.27 所示。

图4.25

图4.26

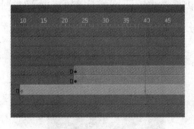

图4.27

6. 选取"舞台"上的城市风光实例。

7. 在"属性"检查器中，将 Alpha 值设置为 100%，如图 4.28 所示。

"舞台"上的城市风光实例将变成完全不透明，如图 4.29 所示。

图4.28

图4.29

8. 选择"控制" > "播放"（Enter 键），预览效果。

Flash 将会在两个关键帧之间的位置和透明度中插入变化。

4.7 制作滤镜动画

滤镜可以给实例提供特效，比如模糊和投影，也可以用来制作动画。接下来将通过对其中一位演员应用模糊滤镜，使得看起来好像是摄影机改变了焦点，来美化演员的补间动画。制作滤镜的动画与制作位置中的变化或色彩效果中的变化的动画相同，只需在一个关键帧中为滤镜设置值，并在另一个关键帧中为滤镜设置不同的值，Flash 会自动创建平滑的过渡。

1. 使"时间轴"上的 actors 图层文件夹可见。

2. 锁定"时间轴"上除 woman 图层之外的所有其他图层。

3. 在 woman 图层中把红色播放头移到
   补间动画的开始关键帧第 23 帧，如
   图 4.30 所示。

图4.30

4. 在"舞台"上选取女人的实例，但
   却不能看到她，因为她的 Alpha 值
   为 0%(完全透明)，可以单击"舞台"
   的右上方来选取透明的实例，如图
   4.31 所示。

5. 在"属性"检查器中，展开"滤镜"区域。

6. 单击"滤镜"区域底部的"添加滤镜"按钮，并选择"模糊"，如图 4.32 所示。
   这将对实例应用"模糊"滤镜。

图4.31

图4.32

7. 在"属性"检查器的"滤镜"区域中，单击链接图标，使 x 方向和 y 方向的模糊值相等。把"X
   模糊"和"Y 模糊"的值都设置为 20 像素，如图 4.33 所示。

8. 把红色播放头移过整个"时间轴"以预览动画，如图 4.34 所示。
   在整个补间动画中对女人实例应用 20 像素的"模糊"滤镜。

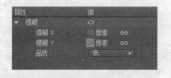

图4.33

图4.34

9. 在第 140 帧用鼠标右键单击或按住 Ctrl 键并单击 woman 图层，选择"插入关键帧" > "滤镜"，如图 4.35 所示。

在第 140 帧建立用于滤镜的关键帧。

10. 将红色播放头移到第 160 帧，用鼠标右键单击或按住 Ctrl 键并单击 woman 图层，选择"插入关键帧" > "滤镜"。

在第 160 帧再建立一个用于滤镜的关键帧，如图 4.36 所示。

图4.35

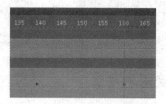

图4.36

11. 选择第 160 帧的 woman 实例。

12. 在"属性"检查器中，把"模糊"滤镜的值更改为 $x=0$ 和 $y=0$，如图 4.37 和图 4.38 所示。

"模糊"滤镜从第 140 帧的关键帧变为第 160 帧的关键帧。Flash 将从模糊的实例到清晰的实例之间创建平滑的过渡。

图4.37

图4.38

了解属性关键帧

　　属性中的变化是彼此独立的，并且不需要绑定到相同的关键帧上。也就是说，可以一个关键帧用于位置，一个不同的关键帧用于色彩效果，以及另外一个关键帧用于滤镜。管理许多不同类型的关键帧可能令人不知所措，尤其是在补间动画期间不同的属性在不同的时间发生变化时更是如此。幸运的是，Flash Professional提供了几个有用的工具。

图4.39

在查看补间范围时，可以选择只查看某些属性的关键帧。例如，可以选择只查看位置关键帧，以便查看对象何时移动，或可以选择只查看滤镜关键帧，以便查看滤镜何时发生变化。在"时间轴"中用鼠标右键单击或按住Ctrl键并单击补间动画，选择"查看关键帧"，然后在列表中选择想要查看的属性，如图4.39所示。也可以选择"全部"或"无"，以查看所有的属性或不查看任何属性。

在插入关键帧时，也可以插入特定属性的关键帧。在"时间轴"中用鼠标右键单击或按住Ctrl键并单击补间动画，选择"插入关键帧"，然后选择属性。

4.8 制作变形的动画

现在将学习如何制作缩放比例或旋转中的变化的动画。可以利用"任意变形"工具或利用"变形"面板执行这些类型的更改。向项目中添加第三辆汽车，这辆汽车开始时比较小，当它朝着观众向前移动时将逐渐变大。

1. 锁定"时间轴"上的所有图层。
2. 在 cars 文件夹内插入一个新图层，并把它重命名为"Left_car"，如图 4.40 所示。
3. 选择第 75 帧并插入一个新的关键帧（F6 键），如图 4.41 所示。

图4.40

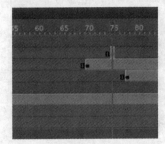

图4.41

4. 在第 75 帧，从"库"面板中把名为"carLeft"的影片剪辑元件拖到"舞台"上。
5. 选择"任意变形"工具。

在"舞台"上的实例周围将出现变形句柄，如图 4.42 所示。

6. 在按住 Shift 键的同时，单击并向里拖动一个角句柄，使汽车变小。
7. 在"属性"检查器中，确保汽车的宽度为 400 像素。
8. 此外，也可以使用"变形"面板（选择"窗口">"变形"），并把汽车的缩放比例更改为 29.4%。
9. 把汽车移到其起点，使 $x=710$，$y=488$，如图 4.43 所示。

图4.42　　　　　　　　　　　　　　　图4.43

10. 在"属性"检查器中，为"色彩效果"选择"Alpha"。

11. 把 Alpha 的值设置为 0%，如图 4.44 所示。

汽车将变成完全透明。

12. 用鼠标右键单击或按住 Ctrl 键并单击"舞台"上的汽车，然后选择"创建补间动画"，如图 4.45 所示。

当前图层将变成一个"补间"图层。

图4.44

13. 把"时间轴"上的红色播放头移到第 100 帧，如图 4.46 所示。

图 4.45

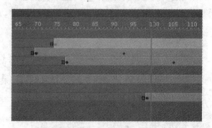

图 4.46

14. 选取汽车的透明实例，然后在"属性"检查器中，把 Alpha 值更改为 100%，如图 4.47 所示。

在第 100 帧自动插入一个新的关键帧，来表示透明度的变化。

图4.47

15. 选择"任意变形"工具。

16. 在按住 Shift 键的同时，单击并向外拖动角句柄，使汽车变大。为了更精确，可以使用"属性"面板，并把汽车的尺寸设置为宽度 = 1380 像素，高度 = 445.05 像素。

 注意：在拖动"变形"工具的角句柄时按住Alt（Windows）或Option（Mac）键，可以相对于对面的角进行缩放。

17. 把汽车定位于：x=607，y=545，如图 4.48 所示。

18. 把 Left_car 图层移到 Middle_car 图层与 Right_car 图层之间，使得中间的汽车盖住两边的汽车。

Flash 将会从第 75 帧到第 100 帧对位置的变化和缩放比率的变化进行补间。Flash 还会从第 75 帧到第 100 帧对透明度的变化进行补间，如图 4.49 所示。

图4.48 图4.49

动画预设

当项目涉及反复创建完全相同的补间动画时，Flash 提供了一个名为"动画预设"的面板以提供帮助。"动画预设"面板（选择"窗口">"动画预设"）存储了特定的补间动画,可将其应用于"舞台"上的不同实例。

例如,想制作放映幻灯片,其中每幅图像都以相同的方式淡出,就可以把这种过渡保存到"动画预设"面板中。

1. 只需选取"时间轴"上的第一个补间动画或"舞台"上的实例。
2. 在"动画预设"面板中单击"将选区另存为预设"按钮。
3. 对动画预设进行命名,并且把它保存在"动画预设"面板中。
4. 选取"舞台"上的一个新实例,并选择动画预设。
5. 然后单击"应用"按钮,把保存的动画预设应用于新实例,如图 4.50 所示。

Flash 提供了许多动画预设,可以使用它们快速地构建复杂的动画。

图4.50

4.9 更改运动的路径

刚才制作的左边汽车的补间动画显示了一根带有圆点的彩色线条,它用来表示运动的路径。可以轻松地编辑运动的路径,使汽车沿着一条曲线行驶,还可以移动、缩放甚至旋转路径,就像"舞台"上的其他对象一样。

为了更好地演示如何编辑运动的路径,可以打开示例文件 04MotionPath.fla,如图 4.51 所示。该文件包含单个"补间"图层,其中有一架火箭飞行器,从"舞台"左上方飞行到右下方。

图4.51

4.9.1 移动运动的路径

可移动运动的路径，使火箭飞行器的相对运动保持相同，但是其起始和终止位置将会改变。

1. 选取"选择"工具。

2. 单击运动的路径以选取。

当选取运动的路径时，将突出显示它，如图 4.52 所示。

3. 单击并拖动运动路径，把它移到"舞台"上的一个不同的位置。

动画的相对运动和播放时间将保持相同，但是将重新定位起始和终止位置，如图 4.53 所示。

图4.52

图4.53

4.9.2 更改路径的缩放比率或旋转

也可以利用"任意变形"工具操纵运动的路径。

1. 选取运动的路径。

2. 选择"任意变形"工具。

在运动的路径周围将出现变形句柄，如图 4.54 所示。

3. 根据需要缩放或旋转运动的路径，可以使路径变小、变大或旋转，使得火箭飞行器从"舞台"的左下方开始飞行，并终止于右上方，如图 4.55 所示。

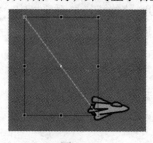
图4.54

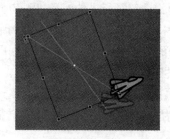
图4.55

4.9.3 编辑运动的路径

使对象行进在弯曲的路径上是一件简单的事情。可以使用锚点句柄利用贝塞尔精度编辑路径，或利用"选择"工具以更直观的方式编辑路径。

1. 选择"转换锚点"工具，它隐藏在"钢笔"工具之下，如图 4.56 所示。

2. 在"舞台"上单击运动路径的起点和终点，并从锚点拖出控制句柄，如图 4.57 所示。

图4.56　　　　　　　　　　　图4.57

锚点上的句柄将控制路径的曲度。

3. 选择"部分选取"工具。

4. 单击并拖动句柄，编辑路径的曲线，使火箭飞行器行进在较宽的曲线中，如图 4.58 所示。

图4.58　　　　　　　　　　　图4.59

> **FL**　　**注意**：可以利用"选择"工具直接操纵运动的路径。选取"选择"工具，把它移到运动的路径附近，在光标旁边将出现一个弯曲的图标，表示可以编辑路径，如图4.59所示。此时可单击并拖动运动的路径，以更改其曲度。

4.9.4　使对象调整到路径

有时，对沿着路径行进的对象进行定向很重要。在动画片的醒目页面项目中，汽车的定向与其向前行驶一样。不过，在火箭飞行器示例中，火箭飞行器应该沿着其头部所指方向的路径行进，"属性"检查器中的"调整到路径"选项提供了这个选项。

1. 选择"时间轴"上的补间动画。

2. 在"属性"检查器中，选择"调整到路径"选项，如图 4.60 所示。

Flash 将为沿着补间动画所进行的旋转插入关键帧，使得火箭飞行器的头部调整到运动的路径，如图 4.61 所示。

图4.60　　　　　　　　　　　图4.61

注意： 要使运动的路径对准火箭飞行器的头部（或其他任何对象）方向，必须调整其初始位置的方向。使用"任意变形"工具旋转其初始位置，使其面向正确的方向。

4.10 交换补间目标

Flash Professional 中的补间动画模型是基于对象的，这意味着可以轻松地换出补间动画的对象。例如，想看到外星人在"舞台"上走来走去，而不是在"舞台"上看到火箭飞行器，就可以用"库"面板中的外星人元件替换补间动画的对象，并且仍会保留动画。

1. 从"库"中把外星人的影片剪辑元件拖放到火箭飞行器上，如图 4.62 所示。

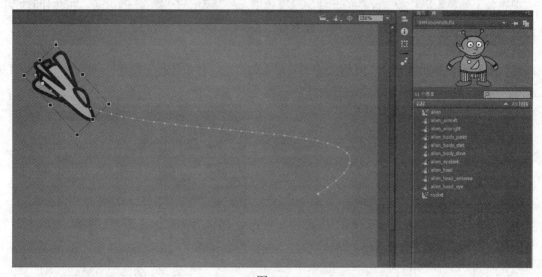

图4.62

2. Flash 将询问是否想用新对象替换现有的对象，如图 4.63 所示。

3. 单击"确定"按钮。

用外星人替换火箭飞行器。运动将保持相同，但是已经交换了补间动画的对象，如图 4.64 所示。

图4.63

图4.64

注意： 也可以在"属性"检查器中交换实例。在"舞台"上选取想交换的对象。在"属性"检查器中，单击"交换"按钮。在出现的对话框中，选择新元件并单击"确定"按钮，就可在Flash中交换补间动画的对象。

4.11 创建嵌套的动画

通常，在"舞台"上活动的对象都将具有自己的动画。例如，飞过"舞台"的蝴蝶在飞行时将有拍打翅膀的动画，用于交换火箭飞行器的外星人可能会挥动他的手臂。这些类型的动画就是嵌套的动画，因为它们包含在影片剪辑元件内。影片剪辑元件具有独立于主"时间轴"的自身的"时间轴"。

在这个示例中，将使外星人在影片剪辑元件内挥动他的手臂，以使他在"舞台"上移动时挥手。

在影片剪辑元件内创建动画

1. 在"库"面板中，双击 alien（外星人）影片剪辑元件图标。

现在处于外星人影片剪辑元件的元件编辑模式中。外星人位于"舞台"的中间。在"时间轴"中，外星人的各个部分分隔在不同的图层中，如图 4.65 所示。

2. 选取"选择"工具。

3. 用鼠标右键单击或按住 Ctrl 键并单击外星人的右臂，然后选择"创建补间动画"，如图 4.66 所示。

图4.65   图4.66

Flash 将把当前图层转换为"补间"图层，并插入 1 秒长度的帧，现在开始制作实例动画，如图 4.67 所示。

4. 选择"任意变形"工具。

5. 拖动角旋转控制点，把手臂向上旋转到外星人的肩膀高度，如图 4.68 所示。

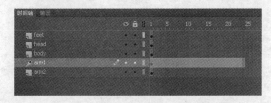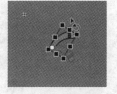

图4.67   图4.68

在补间动画的末尾将插入一个关键帧，此时，右臂从静止位置平滑地旋转到伸展的位置。

6. 把红色播放头移回第 1 帧处。

7. 现在为外星人的另一只手臂创建补间动画。用鼠标右键单击或按住 Ctrl 键并单击外星人的手臂，然后选择"创建补间动画"。

Flash 将把当前图层转换为"补间"图层，并插入 1 秒长度的帧，现在开始制作实例的动画。

8. 选择"任意变形"工具。

9. 拖动角旋转控制点，把这只手臂向上旋转到外星人的肩膀高度。

在补间动画的末尾将插入一个关键帧。此时，左臂从静止位置平滑地旋转到伸展的位置，如图 4.69 所示。

10. 选择所有其他图层中的最后一个帧，并插入帧(F5 键)，使得外星人的头、躯干和脚都会在"舞台"上保留与移动的手臂相同的时间，如图 4.70 所示。

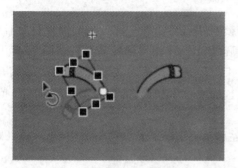
图4.69

图4.70

11. 单击"舞台"左上角的"场景 1"按钮，退出元件编辑模式。

外星人举起其手臂的动画现在就完成了。无论何时使用影片剪辑元件，外星人都会继续播放其嵌套的动画。

> **FL** **注意**：影片剪辑元件内的动画将不会在主"时间轴"上播放。可以选择"控制"＞"测试影片"＞"在Flash Professional中"来预览嵌套的动画。

12. 选择"控制"＞"测试影片"＞"在 Flash Professional 中"，预览动画。

Flash 将会打开一个窗口，显示导出的动画。外星人沿着运动路径移动，同时将播放并且循环播放其手臂移动的嵌套动画，如图 4.71 所示。

图4.71

> **FL** **注意**：影片剪辑元件内的动画将会自动循环播放。要阻止循环播放，需要添加 ActionScript，使得影片剪辑"时间轴"在其最后一帧停止播放。在第6课"创建交互式导航"中将学习关于ActionScript的更多知识。

4.12 缓动

缓动指补间动画进行的方式。从最基本的意义上说，可以把它视作加速或减速。从"舞台"一边移到另一边的对象可以缓慢开始，然后加大冲力，再突然停止，或快速开始，然后逐渐停止。关键帧表示了动画的开始和结束位置，缓动则决定了对象怎样从一个关键帧到达下一个。

可以在"属性"检查器中为一个补间动画应用缓动。缓动值变化范围是 -100 ~ 100。负值表示从起点进行更平缓的改变（称为缓入（ease-in）），正值表示在终点进行更平缓的改变（称为缓出（ease-out））。

4.12.1 拆分补间动画

缓动会影响整个补间动画。如果让缓动只影响补间动画的一部分，则需要拆分补间动画。例如，回到 04_workingcopy.fla 文件的电影动画。Left_car 图层的补间动画从第 75 帧开始，一直到第 190 帧，也就是"时间轴"的最后才结束。但是，汽车的实际运动从第 75 帧开始，到第 100 帧就结束了，需要拆分这个补间动画，这样才可以在第 75 帧 ~ 第 100 帧的补间中应用缓动。

1. 在 "Left_car" 图层中，选择第 101 帧，也就是汽车停止运动的关键帧的下一帧，如图 4.72 所示。

2. 用鼠标右键单击或按住 Ctrl 键单击第 101 帧并选择"拆分动画"，如图 4.73 所示。

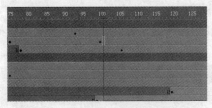

图4.72

图4.73

Flash 将把补间动画拆分成两个独立的补间范围。第一个补间的末尾对应了第二个补间的开始，如图 4.74 所示。

3. 在 "Middle_car" 图层中，选择第 94 帧，用鼠标右键单击或按住 Ctrl 键单击并选择"拆分动画"。Flash 将把补间动画拆分成两个独立的补间范围。

4. 在 "Right_car" 图层中，选择第 107 帧，用鼠标右键单击或按住 Ctrl 键单击并选择"拆分动画"。Flash 将把补间动画拆分成两个独立的补间范围。现在三辆车的补间动画全都被拆分了，如图 4.75 所示。

补间动画拆分

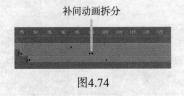

图4.74

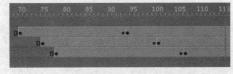

图4.75

4.12.2 设置补间动画的缓动

对驶入的汽车的补间动画应用缓出来使它们具有如真实汽车的重量感和减速感。

1. 在"Middle_car"图层中,选择第一个补间动画的第一个和第二个关键帧之间(第70帧~第93帧)的任意一帧,如图4.76所示。

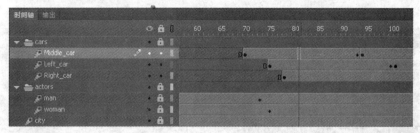

图4.76

2.在"属性"检查器中,输入缓动值为100,如图4.77所示。
Flash将对补间动画应用缓出效果。

3. 在"Left_car"图层中,选择第一个补间动画的第一个和第二个关键帧之间(第75帧~第100帧)的任意一帧,如图4.78所示。

图4.77

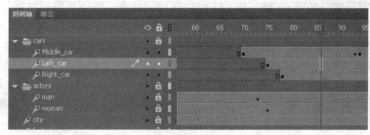

图4.78

4. 在"属性"检查器中,输入缓动值为100。
Flash将对补间动画应用缓出效果。

5. 在"Right_car"图层中,选择第一个补间动画的第一个和第二个关键帧之间(第78帧~第106帧)的任意一帧,如图4.79所示。

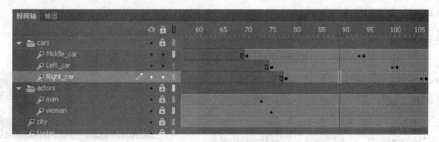

图4.79

6. 在"属性"检查器中，输入缓动值为100。

Flash 将对补间动画应用缓出效果。

7. 选中"时间轴"底部的"循环播放"选项，并且将前后标记括号移动到从第 60 帧～第 115 帧处，如图 4.80 所示。

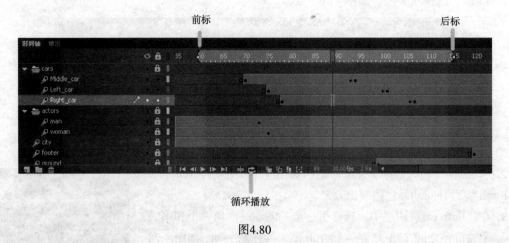

图4.80

8. 单击播放（Enter 键或 Return 键）来播放影片。

Flash 将在"时间轴"的第 60 帧～第 115 帧之间循环播放，以便观察到三辆车的缓出效果。

4.13 逐帧动画

逐帧动画指的是通过逐个关键帧的改变来营造动画效果，这是最接近传统手绘动画的一种方式，而且也一样枯燥和令人厌烦。在 Flash 中，可以通过在每个关键帧中改变图像来创建逐帧动画。

逐帧动画将使动画文件变得很大，因为 Flash 必须为每个关键帧存储各自的内容。请谨慎使用逐帧动画。

下一部分，将在 carLeft 影片剪辑元件中插入逐帧动画，以使它产生抖动的效果。当影片剪辑元件循环播放时，汽车会轻微的颤动来模仿发动机的转动效果。

4.13.1 插入一个新关键帧

在 carMiddle 和 carRight 影片剪辑元件中的逐帧动画已经创建好了。现在需要继续完成 carLeft 元件的动画。

1. 在"库"面板中，双击 carRight 影片剪辑元件来查看已经完成的逐帧动画。

在 carRight 影片剪辑中，3 个关键帧创建了汽车和头灯的 3 个不同的位置。3 个关键帧不均的分布，以此来模仿随机的上下运动，如图 4.81 所示。

2. 在"库"面板中，双击 carLeft 影片剪辑元件。

进入 carLeft 元件的元件编辑模式，如图 4.82 所示。

图4.81

3. 选择 lights 图层和 smallRumble 图层的第 2 帧，如图 4.83 所示。

4. 用鼠标右键单击或按住 Ctrl 键单击并选择 "插入关键帧"（F6 键），如图 4.84 所示。

Flash 将在 lights 图层和 smallRumble 图层的第 2 帧插入关键帧。之前关键帧的内容将会被复制到新关键帧中，如图 4.85 所示。

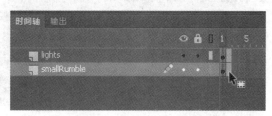

图4.83

图4.82

图4.84

图4.85

4.13.2 改变图形

在新关键帧中，改变内容来创建动画。

1. 在第 2 帧中，选择 "舞台" 上的 3 个图形（"编辑" > "全选"，或 Ctrl 键或 Command+A 组合键）并将它们向 "舞台" 下方移动 1 个像素。可以使用 "属性" 检查器或按箭头键来将图形向下微调 1 个像素。

汽车和头灯将稍微向下移动。

2. 接下来，重复插入关键帧和改变图形的步骤。为了模仿汽车的随机震动，至少需要 3 个关键帧。

3. 选择 lights 图层和 smallRumble 图层的第 4 帧。

4. 用鼠标右键单或按 Ctrl 键单击并选择"插入关键帧"。

Flash 将会为 lights 图层和 smallRumble 图层在第 4 帧插入关键帧。之前关键帧的内容将会被复制到新关键帧中，如图 4.86 所示。

图4.86

5. 选择"舞台"上的 3 个图形（"编辑">"全选"，也可按 Ctrl 键或 Command+A 组合键）并将它们向"舞台"上方移动 2 个像素。可以使用"属性"检查器或按箭头键来将图形向上微调 2 个像素。

汽车和头灯将稍微向上移动。

6. 选中"时间轴"下方的"循环播放"选项并单击"播放"按钮（Enter 键或 Return 键）来测试动画。

4.14 制作 3D 运动的动画

最后，将添加一个标题，并在三维空间中制作动画。3D 中的动画制作引入了第 3 根（z）轴，增加了额外复杂性。在选择"3D 旋转"或"3D 平移"工具时，需要知道"工具"面板底部的"全局转换"选项。"全局转换"选项将在全局选项（按钮按下）与局部选项（按钮升起）之间切换。在启用全局选项的情况下移动一个对象将使转换相对于全局坐标系进行，而在启用局部选项的情况下移动一个对象将使转换相对于它自身进行。

1. 单击"场景 1"返回到主"时间轴"，然后在图层组顶部插入一个新图层，并把它重命名为"title"，如图 4.87 所示。

图4.87

2. 锁定所有其他的图层。

3. 在第 120 帧处插入一个新的关键帧，如图 4.88 所示。

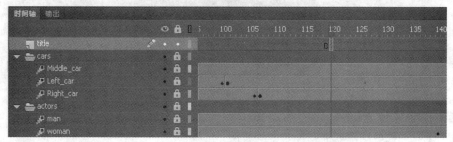

图4.88

4. 从"库"中把名为"movietitle"的影片剪辑元件拖到"舞台"上。
该影片标题实例将出现在新图层中，位于第 120 帧处的关键帧中。
5. 把标题定位于：$x=180$，$y=90$，如图 4.89 所示。

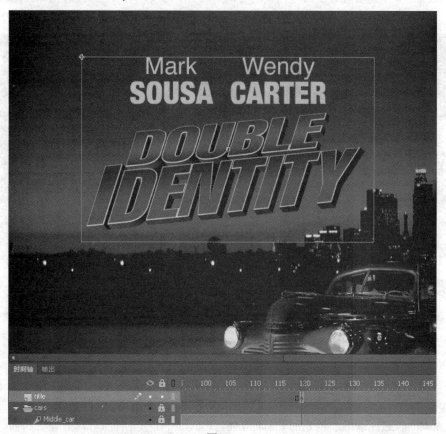

图4.89

6. 用鼠标右键单击或按住 Ctrl 键并单击影片标题，然后选择"创建补间动画"。
Flash 将把当前图层转换为"补间"图层，以便制作实例的动画。
7. 把红色播放头移到第 140 帧，如图 4.90 所示。

图4.90

8. 选择"3D 旋转"工具。

9. 在"工具"面板底部取消选择"全局转换"选项。

10. 单击并拖动标题,绕着 y 轴(绿色的轴)旋转,使得其角度为 -50° 。可以在"变形"面板(选择"窗口">"变形")中检查旋转值,如图 4.91 所示。

11. 把红色播放头移到第 120 帧的第一个关键帧上。

12. 单击并拖动标题,绕着 y 轴以相反的方向旋转,使得实例看上去就像是一根长条,如图 4.92 所示。

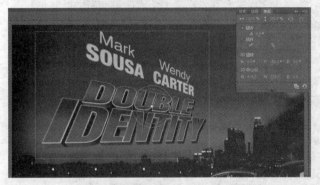

图4.91

图4.92

Flash 将会创建 3D 旋转中的变化的补间动画,使得标题看起来像是在三维空间中摇摆。

4.15 预览动画

可以通过在"时间轴"上来回"拖动"红色播放头或选择"控制">"播放"快速预览动画。也可以使用"时间轴"底部的集成控制器。

不过,为了预览动画或预览影片剪辑元件内任何嵌套的动画,应需测试影片。可选择"控制">"测试影片">"在 Flash Professional 中",如图 4.93 所示。

Flash 将导出一个 SWF 文件,并将其存储在与 FLA 文件相同的位置。该 SWF 文件是嵌入在 HTML 页面中的经过压缩的、最终的 Flash 媒体。Flash 将在与"舞台"尺寸完全相同的新窗口中显示此 SWF 文件,并播放动画。

> **FL** 注意:在"测试影片"模式下导出的SWF文件将自动循环播放。要在"测试影片"模式下阻止循环播放,可选择"控制">"循环",取消选择循环播放选项。

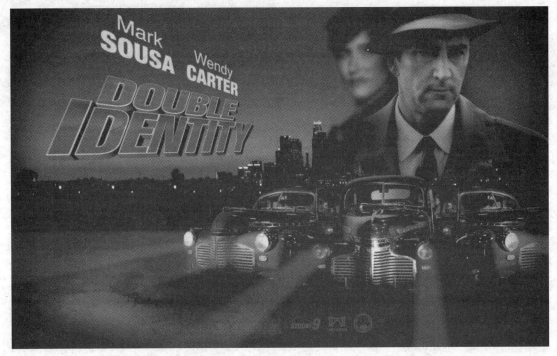

图4.93

要退出"测试影片"模式，可以单击"关闭窗口"按钮。

可以通过选择"控制">"测试影片">"在浏览器中"来预览影片，Flash将导出一个SWF文件并自动在默认浏览器中打开它。

> **FL** 注意：如果已经在"发布设置"中指定了一个不同的发布平台（如Adobe AIR），这些选项将会在"控制">"测试影片"菜单中可用。

生成 PNG 序列和 Sprite 表

现在可以创建复杂的动画并使用 FlashPlayer 来播放 SWF 文件，也可以使用 Flash 强大的工具来创建动画并导出为其他环境下使用的一系列图片。例如，HTML5 或移动设备中的动画常常需要 PNG 序列或一个包含按行列顺序打包了所有图片（Sprite 表）的单一文件。Sprite 表是一个描述了文件中所有图片或子画面的位置的数据文件。

制作生成动画的 PNG 序列或 Sprite 表非常简单。

第一步，动画必须包含影片剪辑元件。在"库"面板中，用鼠标右键单击或按住 Ctrl 键单击元件并选择导出为 PNG 序列，如图 4.94 所示。

接下来，为图片选择硬盘上的地址以及图片的大小。

用鼠标右键单击或按住 Ctrl 键并单击元件，选择"生成 Sprite 表"。将出现"生成 Sprite 表"对话框，里面提供了包括大小、背景颜色和特定数据格式的选项，如图 4.95 所示。

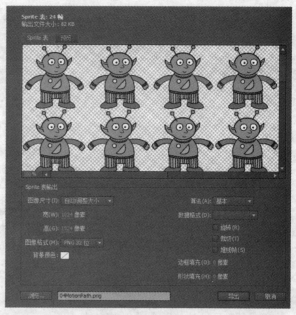

图4.94 图4.95

单击"导出"来导出 Sprite 表数据文件。数据文件决定了在何种开发环境下使用 Sprite 表。例如 JSON、Starling 和 cocos2D 就是其中一些数据格式。

4.16 复习

复习题

1. 补间动画的两种要求是什么？

2. 补间动画可以改变哪些类型的属性？

3. 什么是属性关键帧，它们为什么很重要？

4. 怎样编辑运动的路径？

5. 缓动对于补间动画的作用是什么？

复习题答案

1. 补间动画需要"舞台"上的元件实例以及它自己的图层，该图层被称为"补间"图层。"补间"图层上不能有其他的补间或绘制对象存在。

2. 补间动画在对象的位置、缩放比率、旋转、透明度、亮度、色调、滤镜值以及3D旋转或平移的不同关键帧之间创建平滑过渡。

3. 关键帧标记对象的一种或多种属性中的变化。关键帧特定于每种属性，因此补间动画所具有的针对位置的关键帧可以不同于针对透明度的关键帧。

4. 要编辑运动的路径，可以选取"选择"工具，然后直接在路径上单击并拖动使其弯曲。也可以选择"转换锚点"工具和"部分选取"工具，在锚点处拖出句柄。句柄控制着路径的曲度。

5. 缓动改变了补间动画的速度。不使用缓动的补间动画是线性的，也就是说变化是均匀发生的。缓入效果使对象在动画一开始时比较缓慢，而缓出效果使对象在动画结束时比较缓慢。

第5课 制作形状的动画和使用遮罩

课程概述

在这一课中，将学习如何执行以下任务：

- 利用补间形状制作形状的动画
- 使用形状提示美化补间形状
- 补间形状的渐变填充
- 查看绘图纸外观轮廓
- 对补间形状应用擦除
- 创建和使用遮罩
- 理解遮罩的边界
- 制作遮罩和被遮罩图层的动画

 完成本课程的学习需要大约两个半小时的时间。如果需要，可以从硬盘驱动器上删除前一课的文件夹，并把 Lesson05 文件夹复制其上。

使用补间形状，可以轻松地创建变形——创建形状的有机变化。
遮罩提供了一种选择性地显示部分图层的方式。两者结合，可以给动
画增加更复杂的效果。

5.1 开始

开始这一课之前先查看动画商标。因为要在学习完补间形状和遮罩之后制作出这样的效果。

FL | 注意：先将光盘中有关这一课的内容复制到电脑中。

1. 双击 Lesson05/05End 文件夹中的 05End.html 文件在浏览器中播放动画，如图 5.1 所示。

图5.1

这个项目的动画效果是一个在虚构的公司名称上闪烁不定的火焰。火焰形状不停地变换，同时在火焰里的径向渐变填充也在不停地改变。公司名称字母的线性渐变从左到右不断扫过，在本课中，将为火焰和字母中移动的颜色制作动画。

2. 关闭浏览器。双击 Lesson05/05End 文件夹中的 05Start.fla 文件，在 Flash 中打开初始项目文件。

3. 选择"文件">"另存为"。把文件命名为"05_workingcopy.fla"，并把它保存在 05Start 文件夹中。保存工作副本可以确保在重新开始时，可以使用原始起始文件。

5.2 制作形状动画

在上一课中，学习了如何使用元件实例创建动画。可以使用动作、缩放、旋转、颜色效果或滤镜来给元件实例制作动画，但不能为真正的图像轮廓制作动画。例如，使用补间动画创建一个起伏不定的海面或一条蛇的滑行动作都是非常困难的。为了做得更加形象，必须使用补间形状。

补间形状是一种在关键帧之间为笔触和填充进行插值的技术。补间形状使一个形状平滑地变成另外一个形状成为可能。任何需要形状的笔触或填充发生改变的动画，例如云、水和火焰的动画，都可以使用补间形状。

由于补间形状仅能应用在图形上，所以不能使用组、元件实例或位图。

5.3 理解项目文件

05Start.fla 文件包含已经完成和放置在不同图层中的大部分图形。但是这个文件是静态的，需要给它添加动画。

如图 5.2 所示，text 图层在最顶部，包含公司名称"Firestarter"。flame 图层包含火焰，最下面的 glow 图层包含了一个来提供柔和光线的径向渐变。

库中没有资源。

图5.2

5.4 创建补间形状

一个补间形状至少需要同一图层里的两个关键帧。起始关键帧包含使用 Flash 画图工具所画的或从 Illustrator 导入的形状，结束关键帧也包含了一个形状。补间形状在起始和结束关键帧之间插入平滑的动画。

5.4.1 建立包含不同形状的关键帧

在接下来的步骤中，将为公司名称上方的火焰创建动画。

1. 选择第 49 帧处 3 个图层，如图 5.3 所示。

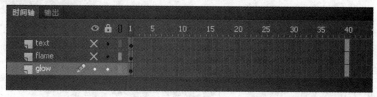

图5.3

2. 选择"插入">"时间轴">"帧"（F5）。

Flash 将为 3 个图层在第 40 帧处插入额外的帧，如图 5.4 所示。

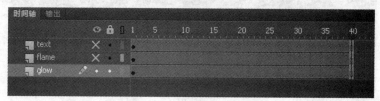

图5.4

3. 锁定 text 图层和 glow 图层，以防意外选中它们或移动这些图层中的图形。

4. 用鼠标右键单击或按住 Ctrl 键单击 flame 图层的第 40 帧并选择插入关键帧，或选择"插入">"时间轴">"关键帧"（F6），如图 5.5 所示。

Flash 将在第 40 帧插入一个关键帧。前一个关键帧的内容将被复制到第二个关键帧中。

现在在 flame 图层的"时间轴"中有两个关键帧：第 1 帧的起始关键帧和第 40 帧的结束关键帧。

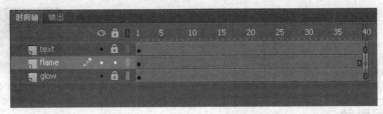

图5.5

5. 将红色播放头移动到第 40 帧处。

接下来，将改变结束关键帧中火焰的形状。

6. 选取"选择"工具。

7. 单击取消选择形状。单击并拖拽火焰的轮廓来使火焰更
瘦一些，如图 5.6 所示。

现在起始关键帧和结束关键帧包含了不同的形状——起始
关键帧中的胖火焰和结束关键帧中的瘦火焰。

图5.6

5.4.2 应用补间形状

接下来的步骤是在关键帧之间应用补间形状来创建平滑的过渡。

1. 单击起始关键帧和结束关键帧之间的任意一帧。

2. 用鼠标右键单击或按住 Ctrl 键单击并选择创建补间形状，也可选择在顶部菜单中选择"插
入">"补间形状"，如图 5.7 所示。

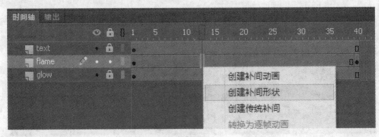

图5.7

Flash 将在两个关键帧之间应用补间形状，用黑色箭头来表示，如图 5.8 所示。

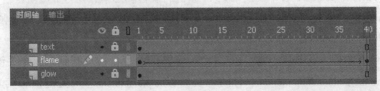

图5.8

3. 选择"控制">"播放"来观看动画，或通过单击"时间轴"底部的"播放"按钮。

注意：如果火焰没有按设计的那样变形，不要担心，关键帧之间小的改变将会有最好的效果。火焰或许会在第一个和第二个形状之间旋转。在本课的后面部分将有机会使用形状提示改善补间形状。

Flash将在flame图层的关键帧之间创建平滑的动画，将第一个火焰的形状变形为第二个火焰，如图5.9所示。

图5.9

混合样式

如图5.10所示，在"属性"检查器中，可以通过选择"混合"的"分布式"或"角形"选项来更改补间形状。这两个选项决定了Flash将如何在两个关键帧之间插值以改变形状。

默认为"分布式"选项，在大部分情况下这个选项都可以很好地工作，它将使用更加平滑的中间形状来创建动画。

如果形状包含许多点和直线，可以选择"角形"。Flash将尝试在中间形状中保留明显的角落。

图5.10

5.5 改变步速

补间形状的关键帧可以很容易地在"时间轴"上移动从而改变动画的时间或步速。

移动关键帧

在第40帧的过程中，火焰缓慢地从一个形状变换成另外一个形状。如果希望火焰更快速地改变形状，需要把关键帧移得更近一些。

1. 设置 flame 图层的最后一个关键帧的形状补间，如图 5.11 所示。
2. 单击并将关键帧拖曳到第 6 帧，如图 5.12 所示。

补间形状变得更短了。

图5.11

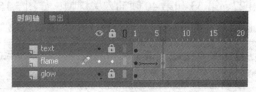

图5.12

3. 通过选择"控制">"播放"，或单击"时间轴"底部的"播放"按钮来观看影片。
火焰快速晃动，然后保持静止一直到第 40 帧。

5.6 增加更多的补间形状

可以通过增加更多的关键帧来添加补间形状，每个补间形状只需要两个关键帧来定义起始状态和结束状态。

5.6.1 插入额外的关键帧

使火焰像真正的火焰那样不停地改变形状，需增加更多的关键帧并在所有关键帧之间应用补间形状。

1. 使用鼠标右键单击或按住 Ctrl 键单击 flame 图层的第 17 帧，并选择"插入关键帧"，或选择"插入">"时间轴">"关键帧"（F6 键）。

Flash 将在第 17 帧插入一个新关键帧，并将前一个关键帧中的内容复制到第二个关键帧当中，如图 5.13 所示。

图5.13

2. 使用鼠标右键单击或按住 Ctrl 键单击 flame 图层的第 22 帧，并选择"插入关键帧"，或选择"插入">"时间轴">"关键帧"（F6 键），如图 5.14 所示。

Flash 将在第 22 帧插入一个新关键帧，并将前一个关键帧中的内容复制到第二个关键帧当中。

图5.14

3. 在第 27、第 33 和第 40 帧插入关键帧，如图 5.15 所示。

Flame 图层的"时间轴"上现在有 7 个关键帧，第 1 个和第 2 个关键帧之间有补间形状。

FL **注意：**可以通过先选中一个关键帧，然后按住Option键或Alt键单击并拖曳这个关键帧到新位置来快速复制关键帧。

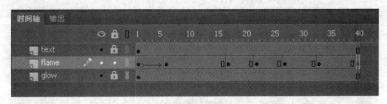

图5.15

4. 移动红色播放头到第 17 帧，如图 5.16 所示。

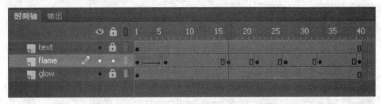

图5.16

5. 选取"选择"工具。

6. 单击形状外部以取消选择。单击并拖动火焰的轮廓来创建另一个形状变化。可以使底部更瘦一些，或改变尖部的轮廓来使它向右或向左倾斜，如图 5.17 所示。

7. 改变每个新关键帧中火焰的选择来创建微小的变化，如图 5.18 所示。

图5.17

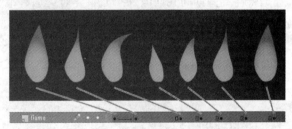

图5.18

5.6.2　延长补间形状

下一步是延长补间形状以使火焰从一个形状变形到下一个形状。

1. 单击第二个和第三个关键帧之间的任意一帧。

2. 用鼠标右键单击或按住 Ctlr 键单击并选择"创建补间形状"，或从顶部菜单中选择"插入">"补间形状"，如图 5.19 所示。

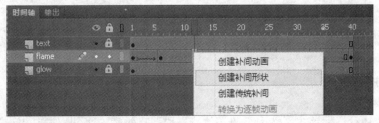

图5.19

Flash 将在两个关键帧之间应用补间形状，以黑色箭头表示，如图 5.20 所示。

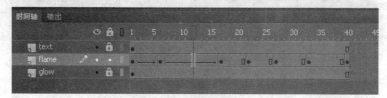

图5.20

3. 在所有关键帧之间插入补间形状。

在 flame 图层中将会有 6 个补间形状，如图 5.21 所示。

图5.21

4. 选择"控制">"播放"，或单击"时间轴"底部的"播放"按钮来播放动画，如图 5.22 所示。

火焰将在动画期间来回闪烁。如果要对火焰有很大改动，火焰将有可能在关键帧之间发生一些奇怪的变形，例如毫无征兆的蹦跳或旋转。不过别担心，在本课的后面部分，将有机会用形状提示来改善动画。

图5.22

残缺的补间

每个补间形状都需要一个起始关键帧和一个结束关键帧。如果结束关键帧丢失了，Flash将会把残缺的补间表示为黑点虚线（而不是实箭头），如图5.23所示。

图5.23

插入一个关键帧来修复补间。

5.7　创建循环动画

只要商标存在，火焰就要持续地来回晃动。可以通过将第一个和最后一个关键帧设置为相同的，并将火焰放入影片剪辑元件中来创建无缝循环。上一课已经介绍过，影片剪辑元件将不断循环，并且独立于主"时间轴"。

5.7.1 复制关键帧

通过复制其内容来使第一个关键帧和最后一个关键帧相同。

1. 用鼠标右键单击或按住 Ctrl 键单击 flame 图层的第一个关键帧，选择"复制帧"，如图 5.24 所示。或从顶部菜单中选择"编辑">"时间轴">"复制帧"。

图5.24

Flash 将把第一个关键帧的内容复制到剪贴板中。

2. 用鼠标右键单击或按住 Ctrl 键单击 flame 图层的最后一个关键帧，选择"粘贴帧"，如图 5.25 所示。或从顶部菜单中选择"编辑">"时间轴">"粘贴帧"。

图5.25

Flash 将会把第一个关键帧中的内容复制到最后一个关键帧中去。现在第一个关键帧和最后一个关键帧含有相同的火焰形状。

> **FL** **注意**：可以通过先选中一个关键帧，然后按住Option键或Alt键单击并拖曳这个关键帧到新位置来快速复制关键帧。

5.7.2 预览循环

使用"时间轴"底部的"循环"播放按钮来预览动画。

> **FL** **注意**："循环"按钮仅在Flash编辑环境中循环播放，而不会在发布的SWF文件中循环。要创建循环，可以将动画放在影片剪辑元件中或使用将会在下一课中讲到的gotoAndPlay()命令。

1. 单击"时间轴"底部的"循环播放"按钮或选择"控制">"循环播放"，如图 5.26 所示。

当"循环播放"按钮按下时，播放头到达"时间轴"的最后一帧后将回到第一帧继续播放。

图5.26

2. 扩大标记来包括"时间轴"上的所有帧（第 1 帧 ~ 第 40 帧），或单击"更改标记"按钮并选择"标记所有范围"，如图 5.27 所示。

标记决定了循环播放时被播放的帧的范围，如图 5.28 所示。

图5.27

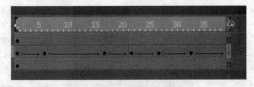

图5.28

3. 单击"播放"按钮，或选择"控制" > "播放"。

火焰动画将不断循环播放。单击"暂停"按钮，或按 Enter 键或 Return 键来停止播放。

5.7.3　将动画插入影片剪辑

当动画在影片剪辑元件里时，这个动画将会自动循环播放。

1. 选中 flame 图层里的所有帧，用鼠标右键单击或按住 Ctrl 键单击并选择"剪切帧"，也可以选择"编辑" > "时间轴" > "剪切帧"，如图 5.29 所示。

2. 选择"插入" > "新建元件"（Command/Ctrl+F8 键）。

将出现"创建新元件"对话框。

3. 输入元件名为"flame"，选择类型为"影片剪辑"，单击"确定"按钮，如图 5.30 所示。

图5.29

图5.30

Flash 将会创建一个新的影片剪辑元件，并进入新元件的元件编辑模式。

4. 用鼠标右键单击或按住 Ctrl 键单击影片剪辑时间轴的第一帧并选择"粘贴帧"，也可以选择"编辑" > "时间轴" > "粘贴帧"，如图 5.31 所示。

主"时间轴"中的火焰动画将被粘贴到影片剪辑元件的时间轴中，如图 5.32 所示。

图5.31

图5.32

5. 单击"舞台"上方的"编辑栏"中的 Scene 1 按钮，或选择"编辑">"编辑文档"（Command 键或 Ctrl+E 组合键）。

退出元件编辑模式并回到主"时间轴"。

6. 选择当前为空的 flame 图层，将新创建的 flame 影片剪辑元件从"库"面板中拖到"舞台"上。

一个 flame 影片剪辑元件的实例就出现在"舞台"上，如图 5.33 所示。

图5.33

7. 选择"控制">"测试影片">"在 Flash Professional 中"（Command+Return 组合键或 Ctrl+Enter 组合键）。

Flash 将在新窗口中输出 SWF 文件，以便在其中预览动画。火焰将在一个无缝的循环中不停晃动。

5.8 使用形状提示

Flash 会为关键帧之间的补间形状创建平滑的变形，但有时候结果是不可预料的，形状有可能发生奇怪的弯曲、弹跳或旋转。但大部分情况下不会喜欢这种变化，希望保持对变形的控制，使用形状提示可以帮助改善形状的变化过程。

形状提示强制 Flash 将起始形状和结束形状的对应点一一映射。通过放置多个形状提示，可对补间形状的变化有更加精确的控制。

5.8.1 增加形状提示

现在可为火焰增加形状提示以更改它从一个形状到另外一个的变形过程。

1. 双击"库"中的 flame 影片剪辑元件以进入元件编辑模式。在 flame 图层中选择补间形状的第一个关键帧，如图 5.34 所示。

2. 选择"修改">"形状">"添加形状提示"（Command+Shift+H 组合键或 Ctrl+Shift+H 组合键），如图 5.35 所示。

一个内含字母"a"的红圈出现在"舞台"上。红圈字母代表第一个形状提示，如图 5.36 所示。

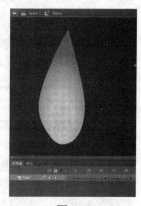

图5.34

图5.35

图5.36

3. 选取"选择"工具，并确认"贴紧至对象"选项被选中。

"工具"面板底部的磁铁图标应被选择。"贴紧至对象"选项保证对象在移动或修改时会互相紧贴。

4. 将红圈字母拖曳到火焰的顶端。

 注意： *应该将形状提示放置在形状的轮廓上。*

---

5. 再次选择"修改" > "形状" > "添加形状提示"以增加第二个形状提示。

一个红圈字母"b"出现在"舞台"上，如图 5.37 所示。

6. 将形状提示"b"拖曳至火焰的底部，如图 5.38 所示。

图5.37

图5.38

第一个关键帧已经有两个形状提示映射了形状上不同的两个点。

7. 选择 flame 图层的下一个关键帧（第 6 帧）。

对应的红圈"b"出现在"舞台"上，而形状提示"a"则正好被挡在下面，如图 5.39 所示。

8. 将第二个关键帧中的红圈字母拖曳到形状中的对应点上。提示"a"放置在火焰的顶端，"b"放置在火焰的底部。

FL **注意：** *可以为一个补间形状最多添加26个形状提示。为了获得最好的效果，要将它们按顺时针或逆时针顺序放置。*

形状提示变为绿色时，表示已正确地放置了形状提示，如图 5.40 所示。

图5.39

图5.40

FL **注意**：一般来说只需为起始关键帧添加形状提示，并为结束关键帧移动形状提示到相应的位置就可以了。在这个动画中，由于有一系列的补间形状相邻放置，上一个补间形状的结束关键帧也就成了下一个的起始关键帧，因此可以为所有的关键帧都添加形状提示，但需要记住这些形状提示对应的起始或结束关键帧。

9. 选择第一个关键帧。

注意到初始形状提示变成了黄色，表示它们已经被正确放置，如图 5.41 所示。

10. 在第一个补间形状上来回拖曳播放头来观察形状提示对于补间形状的效果。

形状提示强制把第一个关键帧的火焰顶部映射到第二个关键帧的火焰顶部，对于底部也是如此，变形将被这种映射所限制。

为证明形状提示的价值，可以故意创造一些补间形状。在结束关键帧中，将提示"b"放置在顶部而将提示"a"放置在底部，如图 5.42 所示。

图5.41

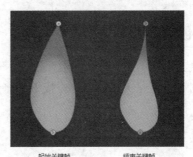

图5.42

Flash 将强制把火焰的顶端变形为火焰的底部，Flash 为了变形使最后效果变成了蹦跳动作。做完实验之后记得将"a"和"b"放回顶端和底部。

5.8.2 删除形状提示

如果添加了过多的形状提示，也可以轻松地删掉那些不需要的提示，但在一个关键帧中删除形状提示将会导致另一个关键帧中的对应形状提示也被删除。

- 将一个独立的形状提示从"舞台"和"粘贴板"上完全移出。
- 选择"修改">"形状">"删除所有提示"来删除所有的形状提示。

只有补间形状的关键帧的内容会被完全呈现，其他的帧只会显示轮廓线。要想看到所有的帧都被完全呈现，需要单击"绘图纸外观轮廓"选项。

使用绘图纸外观轮廓预览动画

如图5.43所示，有时候一次性地查看形状是怎样从一个关键帧变为另一个关键帧的是非常有用的。查看形状如何渐变能对动画做出更明智的调整。可以通过使用"时间轴"底部的"绘图纸外观轮廓"选项来完成这一功能。

图5.43

"绘图纸外观轮廓"显示了当前选中帧的之前和之后的帧内容。

"绘图纸外观轮廓"也称为"洋葱皮模式"，来源于传统的手工动画，那时动画还需要画在薄薄的、半透明的、被称为洋葱皮的纸上，当创作一个动作序列时，动画师会将画纸拿在手上来回翻看。这使他们能够看到绘画是如何平滑地连接在一起的。

如图5.44所示，要使用"绘图纸外观轮廓"，可单击"绘图纸外观轮廓"选项来打开，拖曳起始和结束标记来选择想显示的帧的范围，也可以在"修改标记"菜单中选择"预设标记"选项。

图5.44

5.9 制作颜色动画

补间形状会为形状的所有方面插值，这表示一个形状的笔触和填充也可以被补间。目前为止，已经修改了笔触，也就是火焰的轮廓。接下来将修改填充使颜色可以逐渐改变——在动画的某个时间点让火焰变得更亮。

调整渐变填充

使用"渐变变形"工具来改变形状的颜色渐变，并使用"颜色"面板来更改渐变中使用的颜色。

1. 如果不在 flame 元件的元件编辑模式中，可双击"库"中的 flame 影片剪辑元件来编辑它，或进入元件编辑模式。
2. 选择 flame 图层的第二个关键帧（第 6 帧）。
3. 选择"渐变变形工具"，在"工具"面板中它和"任意变形工具"组合在一起，如图 5.45 所示。

"渐变变形工具"的控制点出现在火焰的渐变填充上。各种控制点可以延伸、旋转并移动填充中渐变的中心点。

4. 使用控制点将颜色渐变缩小至火焰的底部。让渐变更宽一些，并放置得更低一些，然后将渐变的中心点移至另一边，如图 5.46 所示。

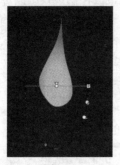

图5.45

图5.46

由于颜色分布在一个更小的区域，火焰的焰心显得更低而且更紧凑了。

5. 将播放头在第一个和第二个关键帧之间移动。

补间形状将会和轮廓一样自动生成火焰颜色的动画。

6. 选择 flame 图层的第 3 个关键帧（第 17 帧），如图 5.47 所示。在这一帧中，可调整渐变的颜色。

图5.47

7. 选取"选择"工具，单击"舞台"上火焰的填充。

8. 打开"颜色"面板（"窗口"＞"颜色"）。

将出现"颜色"面板，显示选中填充的渐变颜色，如图 5.48 所示。

9. 单击黄色的内部颜色标记。

10. 将颜色更改为桃红色（#F019EE）。

渐变的中心颜色将变为桃红色，如图 5.49 所示。

11. 将播放头沿第二个和第 3 个关键帧之间移动，如图 5.50 所示。

> **FL** **注意：** 补间形状可以平滑地为颜色和颜色渐变制作动画，但它不能在不同的渐变类型之间制作补间动画。例如，不能为一个线性渐变和一个径向渐变添加补间。

图5.48

图5.49

图5.50

形状补间自动为中心的颜色渐变制作由黄变粉的动画。更改其他的关键帧来实验可以为火焰添加各种有趣的效果。

5.10 创建和使用遮罩

遮罩是一种选择性地隐藏和不显示图层内容的方法。遮罩可以控制观众可以看到的内容。例如，可以制作一个圆形遮罩，让观众只能看到圆形区域里的内容，以此来得到钥匙孔或聚光灯的效果。在 Flash 中，遮罩所在的图层要放置在需要被遮罩的内容所在图层的上面。

对本课中所创建的商标动画，可为其添加遮罩来使文字看起来更有趣。

5.10.1 定义遮罩图层

从"Fire srarter"文本创建遮罩，显示一个火焰图像下面的内容。

> **FL** 注意：Flash不会识别"时间轴"上遮罩的不同的Alpha值，所以对于遮罩图层，半透明填充和不透明填充的效果是一样的，而边界将总是保持实心。然而，使用ActionScript可以动态地创建允许透明度改变的遮罩。

> **FL** 注意：遮罩不会识别笔触，所以在遮罩层中只需使用填充。从"文本工具"中创建的文本也可以作为遮罩使用。

1. 返回到主"时间轴"。解锁 text 图层。双击 text 图层名称前面的图标，或选中 text 图层并选择"修改">"时间轴">"图层属性"。

将出现"图层属性"对话框，如图 5.51 所示。

2. 选择"遮罩层"，单击"确定"，如图 5.52 所示。

图5.51

图5.52

text 图层将变为"遮罩"图层，用图层前面的遮罩图标表示，这个图层的任何内容都会被当做下方"被遮罩"图层的遮罩，如图 5.53 所示。

图5.53

在这一课中，使用已有的文本作为遮罩，然而遮罩可以是任意的填充形状。填充的颜色无关紧要，对于 Flash 来说，重要的是形状的大小、位置和轮廓。这个形状相当于看向下面图层的"窥视孔"，可以使用任意图像或文本来创建遮罩的填充。

5.10.2 创建被遮罩图层

被遮罩图层总是在遮罩图层的下面。

1. 单击新建图层按钮，或选择"插入">"时间轴">"图层"。

将出现一个新的图层。

2. 把图层重命名为"fiery effect"，如图 5.54 所示。

3. 将 fiery effect 图层拖曳至遮罩图层的下面，它将被缩进，如图 5.55 所示。

图5.54

> **FL** | **注意**：可以双击遮罩图层下面的正常图层或选择"修改">"时间轴">"图层属性"，并选择"被遮罩"来将图层修改为"被遮罩"图层。

4. 选择"文件">"导入">"导入到舞台"，并在 05Start 文件夹中选择 fire.jpg 文件。

火焰位图出现在"舞台"上，文字在图像的上面，如图 5.56 所示。

图5.55

图5.56

5.10.3 查看"遮罩"效果

要查看"遮罩"图层置于"被遮罩"图层上的效果，要锁定这两个图层。

1. 单击 text 图层和 fiery effect 图层的"锁定"选项，如图 5.57 所示。

现在"遮罩"和"被遮罩"图层都被锁定了。"遮罩"图层的字母形状显示了"被遮罩"图层的部分图像，如图 5.58 所示。

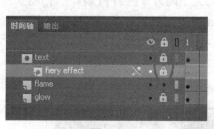

图5.57

图5.58

2. 选取"选择">"测试影片">"在 Flash Professional 中"。

当火焰在文本上方闪烁时，字母显示了其下方图层的火焰纹理。

> **FL** | **注意**：一个"遮罩"图层可以有多个"被遮罩"图层。

传统遮罩

"遮罩"图层显示而不是遮盖住"被遮罩"的图层，这或许会违反直觉，然而，这正是传统摄影或绘画作品中所使用的传统遮罩方式。当一个画家使用遮罩时，遮罩保护了下方的绘画，避免其被油漆飞溅。所以想象一个遮罩为保护下方"被遮罩"图层的物体可以更有效地记住哪些区域被隐藏，哪些区域被显示了。

5.11 制作遮罩和被遮罩图层的动画

创建了火焰在后面的遮罩图层之后，所制作的动画商标字母更具有观赏性了。然而，这个项目的客户现在要求另外制作一个动画效果。

可以在"遮罩"或"被遮罩"图层添加动画。可以在"遮罩"图层添加动画，使遮罩移动或扩张来显示"被遮罩"图层的不同部分。可以选择在"被遮罩"图层制作动画，使遮罩下面的内容移动，达到景色在火车车窗外掠过的效果。

为"被遮罩"图层添加补间

为了使商标更引人入胜，需要给"被遮罩"图层添加一个补间形状。这个补间形状将使光线在字母下面从左到右平滑移动。

1 将 text 文字图层和 fiery effect 图层解锁。

"遮罩"和"被遮罩"图层的效果不再可见，但是它们的内容依然可以编辑。

2. 在 fiery effect 图层，删除火焰的图片。

3. 选择"矩形"工具，打开"颜色"面板（"窗口">"颜色"）。

4. 在"颜色"面板中，选择线性渐变填充

5. 创建一种渐变色（左端和右端都为红色 #FF0000，中间为黄色 #FFFC00），如图 5.59 所示。

6. 在 fiery effect 图层创建一个矩形，使其处于 text 图层的文字上面，如图 5.60 所示。

图5.59

图5.60

7. 选择"渐变变形"工具，并单击矩形的填充。"渐变变形"工具的控制句柄出现在矩形周围，如图 5.61 所示。

8. 移动渐变的中心点，让黄色出现在"舞台"左边很远的位置，如图 5.62 所示。

图5.61   图5.62

黄色的光将会从左边开始移动到右边。

9. 用鼠标右键单击或按住 Ctrl 键单击 fiery effect 图层的第 20 帧并选择"插入关键帧"。也可以选择"插入">"时间轴">"关键帧"（F6 键），如图 5.63 所示。

图5.63

Flash 将在第 20 帧插入一个新关键帧，并将前一个关键帧的内容复制到后一个关键帧中。

10. 用鼠标右键单击或按住 Ctrl 键单击 fiery effect 图层的最后一帧（第 40 帧）并选择"插入关键帧"。选择"插入">"时间轴">"关键帧"（F6 键），如图 5.64 所示。

Flash 将在第 40 帧插入一个新关键帧，并将前一个关键帧的内容复制到后一个关键帧中。现在 fiery effect 图层已经有 3 个关键帧了。

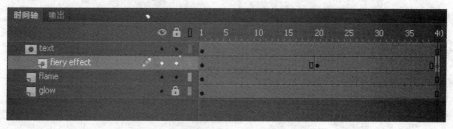

图5.64

11. 将播放头移到最后一帧（第 40 帧）。

12. 单击"舞台"上的矩形并选择"渐变变形"工具。"渐变变形"工具的控制句柄将会出现在矩形填充的周围。

13. 移动渐变的中心点，让黄色出现在"舞台"右边很远的位置，如图 5.65 所示。

图5.65

14. 用鼠标右键单击或按住 Ctrl 键单击"时间轴"上 fiery effect 图层中第二个和第三个关键帧之间的任意位置并选择"创建补间形状"，或从顶部菜单中选择"插入">"补间形状"。

Flash 将在两个关键帧之间应用补间形状，用黑色箭头表示。颜色渐变也被补间了，所以黄色光线在矩形填充中将会从左移到右，如图 5.66 所示。

15. 选择"控制">"测试影片">"在 Flash Professional 中"，来观看影片。

当火焰在字母上方燃烧时，柔和的黄色光线照过字母，如图 5.67 所示。

图5.66

图5.67

5.12　缓动补间形状

在上一课中已经使用过缓动。对补间形状使用缓动就像对补间动画运用缓动一样简单，通过给动作加速或减速，缓动能够给动画画面带来质量感。

可以通过"属性"检查器给补间形状增加缓动。缓动值范围是 -100（缓入）～ 100（缓出）。缓入效果使动作一开始比较慢，而缓出效果会使动作在要结束时比较慢。

增加缓入

接下来将使照过字母的光线一开始比较慢，然后加速通过。缓入效果有助于让观众注意到要发生的动画效果。

1. 单击 fiery effect 图层补间形状的任意位置。

2. 在"属性"检查器中，为缓动值输入 100，如图 5.68 所示。

Flash 将给补间形状添加缓入效果。

图5.68

3. 选择"控制">"测试影片">"在 Flash Professional 中"来测试影片。

FL | **注意：** 可以给补间形状添加缓入或缓出效果，但不能同时添加两种效果。

柔和的黄色光线将从左边开始照射，越来越快，为整个动画增加了更多复杂的效果。

5.13 复习

复习题

1. 什么是补间形状，怎样使用补间形状？

2. 什么是形状提示，怎样使用它们？

3. 补间形状和补间动画有什么区别？

4. 什么是遮罩，怎样创建遮罩？

5. 怎样观察遮罩效果？

复习题答案

1. 补间形状在包含不同形状的关键帧之间创建平滑的变形。要应用补间形状，首先在起始和结束关键帧中创建不同的形状。然后选择"时间轴"中两个关键帧之间的任意一点，用鼠标右键单击或按住 Ctrl 键并单击，选择"创建补间形状"。

2. 形状提示是指示初始形状和最终形状之间对应点映射的标签。形状提示可以帮助改善形状变形的方式。要使用形状提示，首先选择补间形状的起始关键帧，选择"修改">"形状">"添加形状提示"，将第一个形状提示移到形状的边缘，然后将播放头移到结束关键帧，并将对应的形状提示移到相应的形状边缘。

3. 补间形状使用形状，而补间动画使用元件实例。补间形状为两个关键帧之间笔触或填充的改变进行平滑的插值。而补间动画为两个关键帧中元件实例的位置、缩放、旋转、颜色效果或滤镜效果进行平滑的插值。

4. 遮罩是选择性地显示或不显示图层内容的一种方法。在 Flash 中，将遮罩放在"遮罩"图层，而将内容放在其下方的"被遮罩"图层。在这两个图层内都可以制作动画。

5. 要看到"遮罩"图层和"被遮罩"图层的效果，需要锁定这两个图层，或选择"控制">"测试影片">"在 Flash Professional 中"来测试影片。

第**6**课　创建交互式导航

课程概述

在这一课中，将学习如何执行以下任务：

- 创建按钮元件
- 给按钮添加声音效果
- 复制元件
- 交换元件和位图
- 命名按钮实例
- 编写 ActionScript 3.0，以便创建非线性导航
- 使用编译器错误面板发现代码的错误
- 使用代码片段面板快速添加交互性
- 创建并使用帧标签
- 创建动画式按钮

　　完成本课的学习需要大约 3 小时，请从光盘中将文件夹 Lesson06 复制到您的硬盘中。

```
stop();
gabelloffel_btn.addEventListener(MouseEvent.CLICK, restaurant1);
function restaurant1(event:MouseEvent):void {
    gotoAndPlay("label1");
}
garygari_btn.addEventListener(MouseEvent.CLICK, restaurant2);
function restaurant2(event:MouseEvent):void {
    gotoAndPlay("label2");
}
ilpiatto_btn.addEventListener(MouseEvent.CLICK, restaurant3);
function restaurant3(event:MouseEvent):void {
    gotoAndPlay("label3");
}
pierreplatters_btn.addEventListener(MouseEvent.CLICK, restaurant4);
function restaurant4(event:MouseEvent):void {
    gotoAndPlay("label4");
}


/* Click to Go To Frame and Stop
Clicking on the specified symbol instance moves the playhead to the
Can be used on the main timeline or on movie clip timelines.

Instructions:
1. Replace the number 5 in the code below with the frame number you
*/

button_1.addEventListener(MouseEvent.CLICK,
fl_ClickToGoToAndStopAtFrame);

function fl_ClickToGoToAndStopAtFrame(event:MouseEvent):void {
    gotoAndStop(1);
}
```

BEST of MERIDIEN
RESTAURANT GUIDE
PRODUCED BY LOCAL MAGAZINE

GABEL LOFFEL   GARY GARI   IL PIA

让观众浏览整个项目网站，并将其发展为积极的参与者。按钮元件和 ActionScript 可以协同创建出令人着迷的、用户驱动式的交互式体验。

6.1 开始

正式操作前，先来查看本课将要在 Flash 中学习制作的交互式餐厅指南。

1. 双击 Lesson06/06End 文件夹中的 06End.html 文件，以播放动画，如图 6.1 所示。

图6.1

这个项目是一个虚拟城市的交互式餐厅指南。用户可以单击任意一个按钮来查看关于某个餐厅的相关信息。在本课中，将要创建交互式按钮，并正确地组织"时间轴"，以及学习编写 ActionScript 以了解每个按钮的作用。

2. 关闭 06End.html 文件。

3. 双击 Lesson06/06Start 文件夹中的 06Start.fla 文件，以在 Flash 中打开初始工程文件，如图 6.2 所示。该文件包含"库"面板中的所有资源，并且已经正确地设置了"舞台"的大小。

图6.2

> **FL** **注意：** 如果电脑中不包括FLA文件中所有的字体，Flash会出现警告对话框来选择替代字体；只需简单地单击使用默认设置，Flash就会自动使用替代字体。

4. 选择菜单"文件">"另存为"。把文件名命名为 06_workingcopy.fla，并把它保存在 06Start 文件夹中。保存工作副本，可以确保在重新设计时，可使用原始的初始文件。

6.2 关于交互式影片

交互式影片基于观众的动作而改变，比如，当浏览者单击按钮时，将会出现带有更多信息的不同图形。交互可以很简单，如单击按钮；也可以很复杂，以便接受多个输入，如鼠标的移动、键盘上的按键或是移动设备上的数据。

在 Flash 中，可使用 ActionScript 实现大多数的交互操作。ActionScript 可在用户单击按钮时，指导按钮的动作。在本课中，将会学习如何创建一个非线性的导航——这样影片就不需要从头至尾直接播放。ActionScript 可基于用户单击的按钮，通知 Flash 播放头在时间轴的不同帧之间跳转。时间轴上不同的帧包含不同的内容，浏览者并不会知道播放头在时间轴上的跳转，仅会在单击舞台上的按钮时，看到或听到不同的内容。

6.3 创建按钮

按钮可以直观地表示用户的交互，用户通常会单击按钮，但是还有其他类型的交互方式，如当用户使用光标经过按钮时，按钮可能会有某些动作。

按钮是一种有 4 种特定状态(或关键帧)的元件，可用于决定按钮的外观。按钮可以是任何东西，例如图像、图形或文本，它们并不一定是那些常见到的经典药丸形状的灰色矩形。

6.3.1 创建按钮元件

在本课中，将要使用较小的缩览图图像创建按钮和餐厅名称。按钮元件的 4 种特殊状态如下。
- 弹起：显示当光标还未与按钮交互时的按钮外观。
- 指针经过：显示当光标悬停在按钮上时的按钮外观。
- 按下：显示按钮被单击的外观。
- 点击：显示按钮的可单击区域。

在学习本课的过程中，将会了解这些状态和按钮外观之间的关系。

1. 选择菜单"插入">"新建元件"。
2. 在"创建新元件"对话框中，选择"按钮"并把元件命名为 gabel loffel button，然后单击"确定"按钮，如图 6.3 所示。

Flash 将进入新按钮的元件编辑模式。

3. 在库面板中，展开 restaurant thumbnails 文件夹，并将图形元件 gabel loffel thumbnail 拖入"舞台"中央，如图 6.4 所示。

图6.3

4. 在"属性"检查器中,将 x 值设为 0,y 值也设为 0。

现在 gabel loffel thumbnail 图形元件的左上角已经和元件的注册点对齐。

5. 在时间轴上选择"点击"帧,再选择菜单"插入">"时间轴">"帧"以扩展时间轴,如图 6.5 所示。

gabel loffel 图像现在将扩展到"弹起"、"指针经过"、"按下",以及"点击"这些状态。

6. 插入一个新图层。

7. 选择"指针经过"帧,再选择菜单"插入">"时间轴">"关键帧",如图 6.6 所示。

把一个新的关键帧插入在顶层图层的"指针经过"状态。

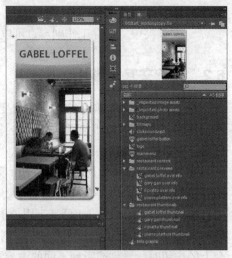

图6.4

图6.5

图6.6

8. 在库面板中,展开 restaurant previews 文件夹,并将 gabel loffel over info 影片剪辑元件拖至"舞台"上,如图 6.7 所示。

9. 在属性检查器中,将 x 值设为 0,y 值设为 215。

这样,只要光标经过该按钮,餐厅图像上就会显示灰色信息框。

10. 在前两个图层上插入第三个图层。

11. 在新图层上选中"按下"帧,再选择菜单"插入">"时间轴">"关键帧",如图 6.8 所示。

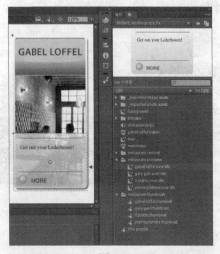

图6.7

图6.8

这样，就在新图层的按下状态中插入了一个新的关键帧。

12. 从库面板中将 clicksound.mp3 文件拖入"舞台"，如图 6.9 所示。

这样，该声音的波形就出现在了该按钮元件顶部图层的按下关键帧内，如图 6.10 所示。

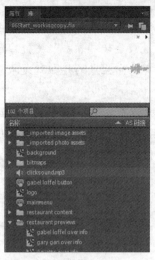

图6.9

图6.10

13. 选择有波形出现的"按下"关键帧，在"属性"检查器中，确保"同步"项设为"事件"，如图 6.11 所示。

FL | 注意：要了解更多关于声音的信息，请参阅第7课。

14. 单击"舞台"上方灰色编辑栏中的"Scene 1"，以退出元件编辑模式并返回到主时间轴，这样就完成了第一个按钮元件。查看库面板，就可以看到保存在其中的新按钮元件，如图 6.12 所示。

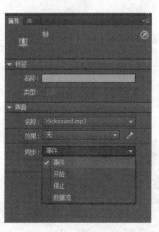

图6.11

图6.12

不可见按钮和"点击"关键帧

　　按钮元件的"点击"关键帧表明，对于用户而言，某个区域是"热区"，即可点击的区域。通常，与"弹起"关键帧包含的形状相比，"点击"关键帧包括一个与其大小和位置完全相同的形状。在大多数情况下，设计者都会希望用户看到的图形区域与其可单击区域一致。然而，在有些高级应用中，需要让"点击"关键帧和"弹起"关键帧有所不同。如果"弹起"关键帧为空，那么它生成的按钮就是不可见按钮。

　　用户看不到不可见按钮，但是由于"点击"关键帧仍定义了一个可单击的区域，不可见按钮仍处于活动状态。所以，可将不可见按钮置于"舞台"的任意位置，并使用ActionScript对其编程，使其对用户的动作作出相应的反应。

　　不可见按钮还可用于创建常规的热区，如将其置于不同的图片上，使每张图片对鼠标的单击都可以做出反应，而不必将其全部做成不同的按钮元件。

6.3.2　直接复制按钮

　　现在已经创建了一个按钮，那么创建其他按钮就会更容易了。可以直接复制按钮，用下一节的方法修改其图像，然后继续直接复制这些按钮，并为其余餐厅修改其图像。

1. 在库面板中，用鼠标右键单击（或按 Ctrl 键并单击）gabel loffel 按钮元件，并选择"直接复制…"，如图 6.13 所示。也可以单击库面板右上角的选项菜单，并选择"直接复制…"。
2. 在"直接复制元件"对话框中，"类型"选择"按钮"，并把它命名为 gary gari button，如图 6.14 所示。然后单击"确定"按钮。

图6.13

图6.14

6.3.3　交换位图

在"舞台"上交换位图和元件很容易，并且可以显著地加快工作进程。

1. 在库面板中，双击最新直接复制的元件（gary gari button）并编辑。

2. 在"舞台"上选中餐厅图像。

3. 在"属性"检查器中，单击"交换…"按钮，如图 6.15 所示。

4. 在"交换元件"对话框中，选择下一幅名为 gary gari thumbnail 的缩览图图像，然后单击"确定"按钮，如图 6.16 所示。

图6.15　　　　　　　　　　　　　　　　　　　　图6.16

可以用所选的缩览图交换原始的缩览图（其元件名称左侧有一个黑点）。这是因为它们的大小完全相同，因此这种交换是无缝的。

5. 选取"指针经过"关键帧，并单击"舞台"上的灰色信息框，如图 6.17 所示。

6. 在"属性"检查器中，单击"交换…"按钮，并将所选元件与 gary gari over info 元件交换。

这样，按钮"指针经过"关键帧上的实例就适用于第二家餐厅了，如图 6.18 所示。由于元件是直接复制的，因此所有其他元素（如顶层图层的声音）都将保持一致。

7. 直接复制按钮并交换元件，使得库面板中存在 4 个不同的按钮元件，而每个都代表了一家餐厅，如图 6.19 所示。操作完成后，将这些餐厅的按钮组织在库面板中的一个文件夹中。

图6.17　　　　　　　　　图6.18　　　　　　　　　图6.19

6.3.4 放置按钮实例

下面，需要把按钮放置在"舞台"上，并在"属性"检查器中为其命名，以便可以在ActionScript中区分、引用该按钮。

1. 在主时间轴上，插入新图层，其名称为buttons，如图6.20所示。

2. 从库面板中将之前创建的每个按钮都拖到"舞台"的中央，将它们放置成水平一排。位置不需十分精确，之后还会将它们精确地对齐，如图6.21所示。

图6.20

图6.21

3. 选中第一个按钮，在"属性"检查器中，将 x 值设为100。

4. 选中最后一个按钮，在"属性"检查器中，将 x 值设为680。

5. 选中所有4个按钮，在对齐面板（"窗口"＞"对齐"）中，取消选中"与舞台对齐"选项，单击"水平平均间隔"按钮，然后单击"顶对齐"按钮，如图6.22所示。

这样所有4个按钮全部都是均匀分布的，并且在水平方向上对齐。

6. 仍选中所有按钮，在"属性"检查器中，将 y 值设为170，如图6.23所示。

图6.22

图6.23

7. 现在就可以测试影片中按钮的工作情况了。选择菜单"控制">"测试影片">"在 Flash Professional 中",如图 6.24 所示。当光标经过每个按钮时,其"指针经过"关键帧中的灰色信息框就会出现,单击按钮时就会有点击的声音。然而,现在还没有指示按钮具体要操作些什么,这要在命名按钮、学习一些关于 ActionScript 的知识后才能进行。

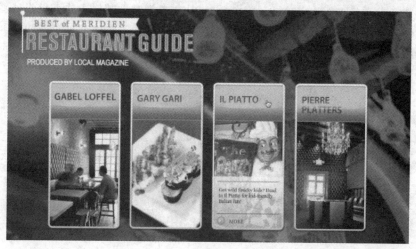

图6.24

6.3.5 命名按钮实例

命名每个按钮实例,以便它可以在 ActionScript 中被引用。这可能会是许多初学者忘记做的非常重要的步骤。

1. 单击"舞台"的空白处,以取消选中所有按钮,然后选中第一个按钮,如图 6.25 所示。

2. 在"属性"检查器的"实例名称"文本框中,输入 gabelloffel_btn,如图 6.26 所示。

图6.25

图6.26

3. 把其他按钮分别命名为 garygari_btn、ilpiatto_btn 和 pierreplatters_btn。

确保这期间使用的都是小写字母,没有空格,并且再次检查以落实每个按钮实例的拼写。Flash 很敏感,只要有一处错误都会使整个项目不能正常工作。

4. 锁定所有图层。

命名规则

命名实例是创建交互式Flash项目中至关重要的一步，初学者常会忘记命名或没有正确地命名。

实例名称非常重要，因为在ActionScript中就是使用实例名称来引用这些对象的。实例名称不同于库面板中的元件名称，库面板中的元件名称仅仅是用于组织整个结构的提示词。

命名符号名称有以下规则：

1. 不能使用空格或特殊的标点符号，但可以使用下画线；

2. 名称不能以数字开头；

3. 注意大小写字母，因为实例名称区分大小写；

4. 按钮名称以"_btn"结尾，尽管这并不是必须的，但这样做有助于将对象标识为按钮；

5. 不能使用Flash中ActionScript命令的预留单词。

6.4 理解 ActionScript 3.0

Adobe Flash Professional 的使用的 ActionScript 是一种简单的脚本语言，可以扩展 Flash 的功能。尽管 ActionScript 3.0 可能会使初学者踌躇不前，但其实通过它的一些简单脚本就可以获得很好的结果，和任何一种编程语言一样，只要花时间学习它的语法和基本术语，就可以很好地使用。

 注意：最新的Flash Professional版本仅支持ActionScript 3.0。如果需要在ActionScript 1.0 或ActionScript 2.0中编程，需要使用Flash Professional的旧版本。

6.4.1 关于 ActionScript

ActionScript 类似于 JavaScript，可以向 Flash 动画中添加更多的交互性。在本课中，将要使用 ActionScript 来为按钮添加动作。还会学习如何使用 ActionScript 来完成停止动画这样的简单任务。

在使用 ActionScript 时，并不需要精通它，对于一些常见的任务，只需复制其他的 Flash 用户分享的脚本即可。另外，还可以使用代码片段面板，以便简单而又直观地向项目中添加 ActionScript 或与其他开发者共享 ActionScript 代码。

但是，如果能够了解 ActionScript 工作的方式，就可以使用 Flash 完成更多任务，并在使用时更有信心。

本课的设计目的并不是为了使读者成为 ActionScript 精通专家，因此，仅介绍了一些常见的语法和术语，并会学习到一个简单的脚本，使读者快速入门 ActionScript 语言。

如果读者之前使用过脚本语言，那么 Flash "帮助" 菜单中的文档就是快速精通 ActionScript 语言的指南；如果读者是想学习 ActionScript 语言的脚本编程初学者，该文档就是一本对初学者非常有帮助的关于 ActionScript 3.0 的书籍。

6.4.2 理解脚本编程术语

ActionScript 中有许多术语，都与其他脚本编程语言相类似。以下是经常出现在 ActionScript 中的术语。

1. 变量

变量表示一份特定的数据，有助于追踪一些事情，如可以使用变量来追踪某场比赛里的得分或某个用户单击鼠标的次数。创建或声明一个变量时，还需要指定其数据类型，以确定该变量代表哪种数据，如 String 变量保存的是所有字母字符，而 Number 变量保存的则是数字。

 注意：变量必须是唯一的，并且区分大小写。如变量mypassword与变量MyPassword并不相同。变量名称仅能含有数字、字母和下画线，而且名称不能以数字开头，这与实例名称的命名规则相同（事实上，变量和实例在概念上是一致的）。

2. 关键词

在 ActionScript 中，关键字是用于完成特定任务的保留字，如 var 就是用于创建变量的关键字。

在 Flash "帮助" 菜单中可以找到关键字的完整列表，因为这些单词是保留字，因此不能将它们用作变量名称或另作他用，ActionScript 常常用它们来完成特定的任务。在动作面板中输入 ActionScript 代码时，关键字将会变成不同的颜色，这是在 Flash 中知道一个单词是否是关键字的好方法。

3. 参数

参数，常出现在代码的圆括号之内，可以为某个命令提供一些特定的详细信息，如在代码 "gotAndPlay(3);" 中，参数可以指导脚本转入第 3 帧。

4. 函数

函数会将很多行的代码组织起来，然后通过函数名称来引用它们。使用函数可以多次运行相同的语句集，而不必重复地输入。

5. 对象

在 ActionScript 3.0 中，可使用对象来完成一些任务，如 Sound 对象可用于控制声音，Date 对象可用于管理与时间相关的数据。之前创建的按钮元件也是一种叫做 SimpleButton 的对象。

在编写环境中创建的对象（与那些在 ActionScript 中创建的对象不同）也可以在 ActionScript 中被引用，只要它们拥有唯一性的实例名称。"舞台" 上的按钮也是实例，而且事实上，实例和对象是同义词。

6. 方法

方法是产生行为的命令。方法可以在 ActionScript 中产生真正的行为，而每一个对象都有它自己的方法集。因此，了解 ActionScript 需要学习每一类对象对应的方法，如与 MovieClip 对象关联的两种方法就是 stop() 和 gotoAndPlay()。

7. 属性

属性用于描述对象，如影片剪辑的属性包括其宽度和高度、x 和 y 坐标及水平和垂直缩放比例。许多属性都是可以修改的，而有些属性则是"只读"型，这说明它们只用于描述对象。

6.4.3 正确使用脚本编程语法

如果不熟悉编程语言或脚本语言，那么 ActionScript 可能会难以理解。但是，只要了解了基本的语法，也就是该语言的语法和标点，理解脚本就会容易些。

- 分号（semicolon）：位于一行的结尾，用于指导 ActionScript 代码已经到了行末尾，并将转到代码的下一行。
- 圆括号（parenthesis）：与英语一样，每个开始的圆括号都对应一个封闭圆括号。这与方括号（bracket）、大括号（curly bracket）是一致的。通常，ActionScript 中的大括号会出现在不同行上。这样就能更方便地阅读其中的内容。
- 点（dot）运算符（.）用于防伪对象的属性和方法。实例名称后接一个点，再接属性或方法的名称，就可以把点用于分隔对象、方法和属性。
- 输入字符串时，总要使用引号（quotation mark）。
- 可添加注释（comment）以提醒自己或其他参与该项目的合作伙伴。要添加单行注释，可使用两根斜杠（//）；要添加多行注释，可使用（/*）开始注释，（*/）结束注释。而注释则会被 ActionScript 忽视、呈灰色，并不会对代码产生影响。
- 使用动作面板时，Flash 检测到正在输入的动作会显示代码提示。代码提示有两类：包含了该动作完整语法的工具提示；列出了所有可能的 ActionScript 元素的弹出式菜单。
- 动作面板填满代码后，可通过折叠代码组使其阅读更加方便。对于关联的代码块（在大括号之内），单击代码空白处中的减符号（-）即可折叠，单击代码空白处的加符号（+）即可扩展。

6.4.4 导航动作面板

动作面板是编写所有代码的地方。通过选择菜单"窗口">"动作"，即可打开动作面板，如图 6.27 所示。也可以在时间轴上选中一个关键帧，然后在"属性"检查器的右上角单击 ActionScript 面板按钮。

图6.27

还可以用鼠标右键单击（或 Ctrl 键＋单击）任意一个关键帧，然后在出现的菜单中选择"动作"。

动作面板为输入 ActionScript 代码提供了一个灵活的编程环境，还有多种不同的选项来帮助编写、编辑和浏览代码。

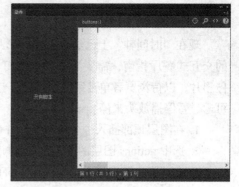

如图 6.28 所示，动作面板被分为两部分。动作面板的右侧是"脚本"窗格，可用于输入代码，与在文本编辑软件中输入文本的操作相同。

左侧的是"脚本"导航器，可用于查找代码所处的位置。Flash 将 ActionScript 代码存放在"时间轴"的关键帧上，这样如果代码分散在许多不同的关键帧和时间轴上，该"脚本"导航器就会非常有用。

图6.28

在动作面板底部，Flash 显示了当前所选代码区域的行数和列数（或一行中的字符数）。

在动作面板右上角，有各种查找、替换和插入代码的选项。

6.5 准备"时间轴"

每个新的 Flash 项目都起始于单个帧。要在"时间轴"上创建空间以添加更多的内容，就需要向多个图层中添加更多的帧。

1. 在顶层的图层中，选中后面的某个帧。在这个示例中，选择第 50 帧，如图 6.29 所示。

图6.29

2. 选择菜单"插入">"时间轴">"帧"，也可以直接按 F5 键。另外，还可以用鼠标右键单击（或 Ctrl 键＋单击）后在出现的菜单中选择"插入帧"，如图 6.30 所示。

这样，Flash 就在顶层图层多选的点，即第 50 帧添加帧。

图6.30

3. 在另两个图层中，选择第 50 帧并插入帧，如图 6.31 所示。

这样，在"时间轴"上的所有图层中都有了 50 个帧。

图6.31

6.6 添加停止动作

现在"时间轴"上已经有了帧，影片就可以从第 1 帧顺序播放至第 50 帧。但是，对于本课中的交互式餐厅指南，需要浏览者以他们自行选择的顺序来观察并选择餐厅。所以需要在第一帧暂停影片，以待浏览者单击第一个按钮，这样就需要使用一个停止动作来暂停 Flash 影片，停止动作可通过暂停播放头来停止该影片。

1. 在图层顶部插入一个新图层，并修改名称为 actions，如图 6.32 所示。

2. 选中 actions 图层的第 1 个关键帧，并打开动作面板（"窗口" > "动作"）。

3. 在"脚本"窗格中，输入"stop();"，如图 6.33 所示。

图6.32

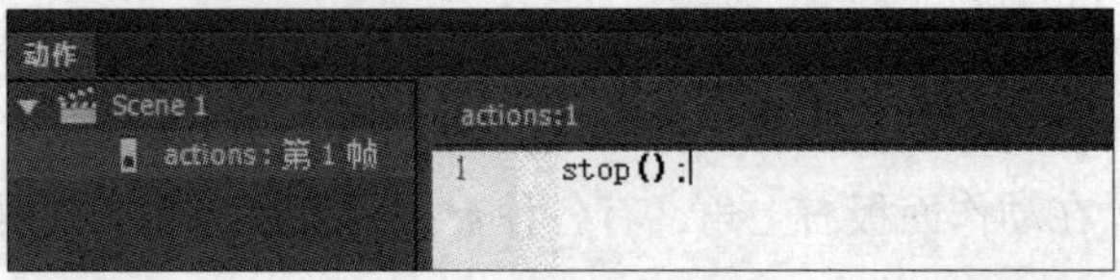

图6.33

代码出现在"脚本"窗格中，而在 actions 图层的第 1 个关键帧中出现了一个极小的小写字母"a"，这表明其中包含了一些 ActionScript 代码，如图 6.34 所示。这样影片就可以在第 1 帧时停止。

图6.34

6.7 为按钮创建事件处理程序

在 Flash 中，事件是可检测、可响应的，如单击鼠标、移动鼠标或在键盘上按键都是事件，在手机设备上的单击、滑动姿势也是事件。这些都是由用户产生的事件，但是有些事件是与用户无关的，如成功地下载一份数据，完成某段音频。使用 ActionScript 的事件处理程序，可以编写用于检测、响应各种事件的代码。

在事件处理程序中的第一步就是创建一个可以检测该事件的侦听器。侦听器如下：

```
wheretolisten.addEventListener(whatevent, responsetoevent);
```

实际的命令是 addEventListener()。其他的则是针对具体情况中对象和参数的占位符。wheretolisten 是事件发生所在的对象，通常为按钮。whatevent 是特定类型的时间（如单击鼠标），responsetoevent 则是事件发生时触发的函数名称。所以，如果想要侦听鼠标单击 btn1_btn 的事件，并且响应为 showimage1 函数，那么代码如下所示：

```
btn1_btn.addEventListener(MouseEvent.CLICK, showimage1);
```

下面，就要创建响应该事件的 showimage1 函数。函数仅仅是一串动作的组合；可通过引用其名称来触发该函数。函数看起来将会如下所示：

```
function showimage1 (myEvent:MouseEvent){ };
```

函数名称，像按钮名称一样，可以任意按照个人喜好命名。在本例中，函数名称是 showimage1。

它接受一个名为 myEvent 的参数，并将激发侦听器。冒号后面的事项描述了对象的类型。如果某个事件触发了该函数，Flash 将会执行大括号中的所有动作。

6.7.1　添加事件侦听器和函数

下面，为了侦听每个按钮的鼠标单击事件，要添加 ActionScript 代码。其响应将会使 Flash 转到"时间轴"的特定帧上，以显示不同的内容。

1. 选择 actions 图层的第 1 个关键帧。

2. 打开动作面板。

3. 如图 6.35 所示，在动作面板的"脚本"窗格中，从第二行开始，输入以下代码：

```
gabelloffel_btn.addEventListener(MouseEvent.CLICK,restaurant1);
```

侦听器将侦听"舞台"上 gabelloffel_btn 对象上的鼠标单击事件。如果该事件发生，就将激发 restaurant1 函数。

4. 如图 6.36 所示，在"脚本"窗格下一行中，输入以下代码：

```
function restaurant1(event:MouseEvent):void {
 gotoAndStop(10);
}
```

图6.35

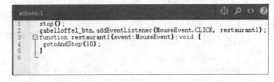

图6.36

restaurant1 函数中，表示要跳转到第 10 帧，并停在该帧处。这样 gabelloffel_btn 按钮的代码就完成了。

　注意：void表示返回的数据类型由函数内部决定，这意味着不返回任何值。有时函数执行后，需要返回数据，如数据积分后返回答案值。

鼠标事件

　　下面的列表中包含了常见鼠标事件的ActionScript代码。可在创建侦听器时使用这些代码，并确保正确使用小写和大写字母。对于大多数网页浏览者而言，第一个事件（MouseEvent.CLICK）基本可以满足需求。而该事件在浏览者按下后松开鼠标时发生。

- MouseEvent.CLICK
- MouseEvent.MOUSE_MOVE
- MouseEvent.MOUSE_DOWN
- MouseEvent.MOUSE_UP

5. 在"脚本"窗格下一行中，为余下的 3 个按钮输入其对应的代码。可以复制并粘贴第 2 行
到第 5 行，更改按钮名称、函数名称（2 处）以及目标帧。完整的脚本代码应如下所示：

```
stop();
gabelloffel_btn.addEventListener(MouseEvent.CLICK,restaurant1);
function restaurant1(event:MouseEvent):void {
 gotoAndStop(10);
}
garygari_btn.addEventListener(MouseEvent.CLICK, restaurant2);
function restaurant2(event:MouseEvent):void {
 gotoAndStop(20);
}
ilpiatto_btn.addEventListener(MouseEvent.CLICK, restaurant3);
function restaurant3(event:MouseEvent):void {
 gotoAndStop(30);
}
pierreplatters_btn.addEventListener(MouseEvent.CLICK,restaurant4);
function restaurant4(event:MouseEvent):void {
 gotoAndStop(40);
}
```

FL | **注意：**确保每个函数最后都有结束的大括号，否则代码将不起作用。

用于导航的ActionScript命令

以下列表包含了常用导航命令的ActionScript代码。可以使用这些代码来创建按钮，
以实现停止、启动播放头或在"时间轴"上将播放头移动到不同帧的功能。gotAndStop以
及gotAndPlay命令的圆括号内还需要其他的信息或自变量参数。

- stop();
- play();
- gotoAndStop(framenumber or "framelabel");
- gotoAndPlay(framenumber or "framelabel");
- nextFrame();
- prevFrame();

> **注意：** 和其他编程语言一样，ActionScript代码很敏感，一小处错误就可能会导致整个项目无法顺利运行。因此，可以利用代码的颜色提示，并特别关注代码的各种标点。仔细查看带颜色的关键字和名称，并通过选择菜单"编辑" > "首选参数" > "代码编辑器"勾选"自动结尾括号"复选框，以便让Flash自动生成结尾括号，以防忘记。

6.7.2 检查错误

即使对于编程老手而言，调试也是非常必须的一个过程。因为即使很小心，代码中可能也会出现一些错误。但是，Flash可以在"编译器错误面板"中提示语法错误，还会在动作面板指出错误的原因和位置。

1. 选择菜单"控制" > "测试影片" > "在Flash Professional中"，以测试自己的影片。

如果没有代码错误，Flash将会在一个独立的窗口中输出SWF文件。

如果Flash发现了代码错误，编译器错误面板（"窗口" > "编译器错误"）将会自动出现，并且给出错误的详细描述和位置，如图6.37所示。而代码中出现编译错误时，整个代码都无法起作用。

如在编译器错误窗口中显示，Flash在第18行发现代码中添加了一个额外的字符。

图6.37

2. 在编译器错误面板中双击该错误信息。

Flash将会切换到动作面板中对应的错误位置并修正。

6.8 创建目标关键帧

网站用户点击每个按钮时，Flash都会根据ActionScript代码的指示，将播放头移动到时间轴的对应位置处。下面，将在特定的帧中放置一些不同的内容。

6.8.1 向关键帧插入不同的内容

下面，将会在一个新图层中插入4个关键帧，并在新关键帧中置入每家餐厅的一些信息。

1. 在图层的顶部、actions图层下方插入新图层，并将其命名为content，如图6.38所示。

图6.38

2. 在 content 图层中选中第 10 帧。

3. 在第 10 帧插入新的关键帧（"插入" > "时间轴" > "关键帧"，或直接按 F6 键），如图 6.39 所示。

4. 在第 20 帧、第 30 帧以及第 40 帧插入新关键帧，如图 6.40 所示。

这样，content 图层的时间轴上就有了 4 个空白的关键帧。

图6.39 图6.40

5. 在第 10 帧选中该关键帧。

6. 在库面板中，展开 restaurant content 文件夹。将 gabel and loffel 元件从库面板中拖至"舞台"。该元件是一个影片剪辑元件，包含关于该餐厅的照片、图形和文本，如图 6.41 所示。

7. 在"属性"检查器中，将 x 值设为 60，y 值设为 150。

关于 gabel and loffel 餐厅的信息将显示在"舞台"中央，并覆盖住所有按钮。

8. 在第 20 帧选中该关键帧。

9. 从库面板中将 gary gari 元件拖至"舞台"中央。该 gary gari 元件是另一个影片剪辑元件，包含了关于该家餐厅的照片、图形和文本，如图 6.42 所示。

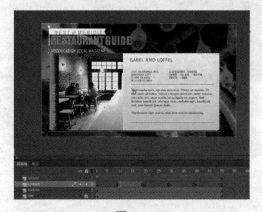

图6.41 图6.42

10. 在"属性"检查器中，将 x 值设为 60，y 值设为 150。

11. 在库面板的 restaurant content 文件夹中，将每家餐厅的影片剪辑元件拖至 content 图层上相应的关键帧处。

此时，每个关键帧都包含一个关于不同餐厅的影片剪辑元件。

6.8.2 使用关键帧上的标签

在网站用户单击按钮时，ActionScript 代码可以指导 Flash 前往相应的不同帧。但是，如果需要编辑时间轴、添加或删除一些帧时，就需要返回 ActionScript，并修改代码以使帧的编号与实际相匹配。

一种非常简单地避免这个问题的方法是使用帧标签，而不是固定的帧编号。帧标签是编程人员给予关键帧的名称。这样，就不需要通过帧编号来引用关键帧，而是使用它们的帧标签。因此，即使在编辑时移动目标关键帧，帧标签依然跟随着对应的关键帧。要在 ActionScript 中引用帧标签，需要在其上添加引号来括住它，如 gotoAndStop("label1") 命令就是将播放头移至标签为 label1 的关键帧。

1. 在 content 图层上选中第 10 帧。

2. 在"属性"检查器的"标签名称"框中输入 label1，如图 6.43 所示。

这样，一个拥有标签的关键帧上就会出现一个很小的旗帜图标，如图 6.44 所示。

3. 在 content 图层上选中第 20 帧。

4. 在"属性"检查器的"标签名称"框中输入 label2。

5. 在 content 图层上依次选中第 20 帧、第 30 帧，然后在"属性"检查器的"标签名称"框中依次输入 label3、label4。

图6.43

这样，content 图层上，4 个拥有标签的关键帧上都会出现一个很小的旗帜图标，如图 6.45 所示。

图6.44

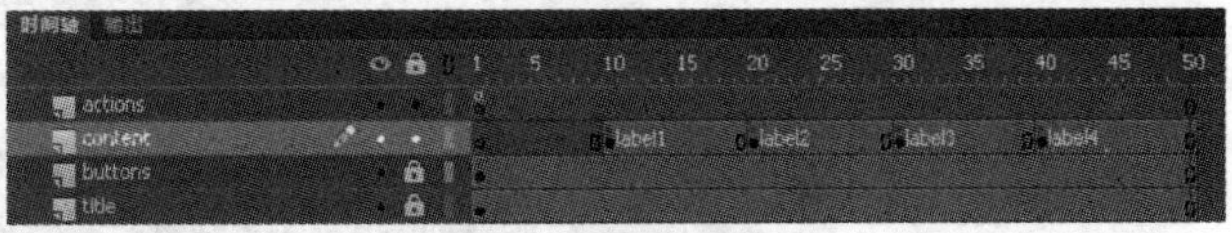

图6.45

6. 选中 actions 图层上的第 1 帧，然后打开动作面板。

7. 如图 6.46 所示，在 ActionScript 代码中，将每个 gotoAndStop() 命令中的固定帧编号换成相应的帧标签：

- `gotoAndStop(10);` 应改为 `gotoAndStop("label1");`
- `gotoAndStop(20);` 应改为 `gotoAndStop("label2");`
- `gotoAndStop(30);` 应改为 `gotoAndStop("label3");`
- `gotoAndStop(40);` 应改为 `gotoAndStop("label4");`

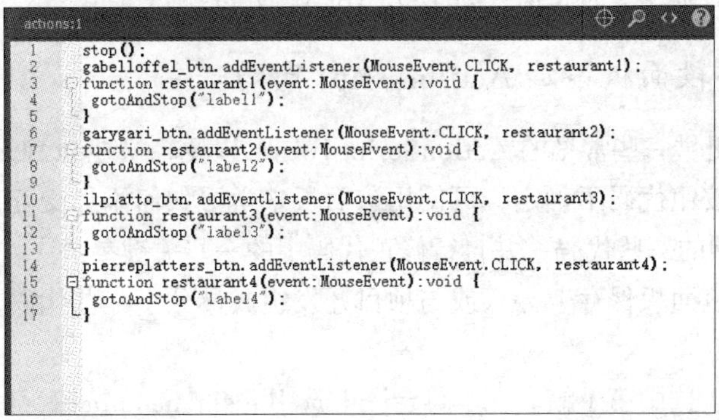

```
actions:1
1   stop();
2   gabelloffel_btn.addEventListener(MouseEvent.CLICK, restaurant1);
3   function restaurant1(event:MouseEvent):void {
4       gotoAndStop("label1");
5   }
6   garygari_btn.addEventListener(MouseEvent.CLICK, restaurant2);
7   function restaurant2(event:MouseEvent):void {
8       gotoAndStop("label2");
9   }
10  ilpiatto_btn.addEventListener(MouseEvent.CLICK, restaurant3);
11  function restaurant3(event:MouseEvent):void {
12      gotoAndStop("label3");
13  }
14  pierreplatters_btn.addEventListener(MouseEvent.CLICK, restaurant4);
15  function restaurant4(event:MouseEvent):void {
16      gotoAndStop("label4");
17  }
```

图6.46

这样，ActionScript 代码将会指导播放头前往某一指定帧标签，而不是某一指定帧编号处。

FL **注意**：确保输入的是直引号，而不是弯引号，因为在ActionScript中，是区分直引号和弯引号的。但是，既可以使用单引号，也可以使用双引号。

选择菜单"控制">"测试影片剪辑">"在 Flash Professional 中"。

每个按钮都将播放头移至"时间轴"的不同帧标签处，以便显示一个不同的影片剪辑。这样，网站用户可以按照任意顺序来浏览餐厅。但是，由于餐厅的信息覆盖住了所有按钮，无法再看到原始菜单屏幕以选择另一家餐厅，因此，下面将要设计一个按钮以返回第 1 帧。

6.9 使用代码片段面板创建源按钮

源按钮可以使播放头返回"时间轴"的第 1 帧、给观众提供原始帧或主菜单，并将其呈现给网站用户。创建返回第 1 帧的按钮与之前创建 4 个餐厅按钮的过程相同。但是，在本节将学习如何使用代码片段面板来把 ActionScript 代码添加到项目中。

6.9.1 添加另一个按钮实例

1. 选中 buttons 图层，并确保该图层是解锁的。
2. 从库面板中将 mainmenu 按钮拖至"舞台"中央。将该按钮实例置于右上角，如图 6.47 所示。

图6.47

3. 在"属性"检查器中，将 x 值设为 726，y 值设为 60。

6.9.2 使用代码片段面板添加 ActionScript 代码

代码片段面板可提供一些常见的 ActionScript 代码，以便轻松地为 Flash 项目添加交互性、简化整个过程。如果对按钮代码不确定，可使用该面板来学习如何添加交互性。代码片段面板可以在动作面板中填充必须的一些代码，并自行修正代码中的一些关键参数。

另外，还可通过该面板保存、导入或与项目开发组成员分享一些代码，从而让整个开发过程更加高效。

1. 在"时间轴"上选中第 1 帧。在"舞台"上选中 main menu 按钮，如图 6.48 所示。
2. 选择菜单"窗口">"代码片段"，如图 6.49 所示，或在动作面板的右上角单击代码片段按钮。

图6.48

图6.49

这样就打开了代码片段面板。而代码片段是被组织在描述其功能的文件夹中的,如图 6.50 所示。

3. 在代码片段面板中,展开名为"时间轴导航"的文件夹,并双击"单击以转到帧并停止"选项,如图 6.51 所示。

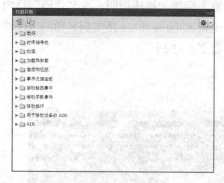

图6.50

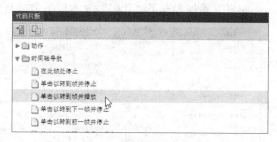

图6.51

如果还没有给按钮一个实例名称,Flash 就会出现警告对话框,提示需要给所选对象(main menu 按钮)命名,以便在代码中引用它,如图 6.52 所示。

4. 单击"确定"按钮。

这样,Flash 将会自动给该按钮一个实例名称。打开动作面板,就会显示生成的代码。代码中的注释部分则是描述该代码的功能和各个参数,如图 6.53 所示。

图6.52

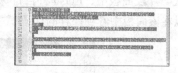

图6.53

5. 用 gotoAndStop(5) 命令替换掉 gotoAndStop(1)。

这样,单击 main menu 按钮就会激发该函数,让 Flash 将播放头移动到第 1 帧。

FL **注意**:Flash将自动向新图层Actions中添加代码片段。如果ActionScript代码分布在不同图层,可通过粘贴、复制代码将其合并到某一图层的一个关键帧中。

6.10　代码片段选项

使用代码片段面板，不仅可以快速便捷地添加交互性、学习代码，还可以帮助自己或编程小组在某个项目中组织各种常用的代码。以下是代码片段面板中的一些其他选项，可用于保存或与他人分享自己的代码。

6.10.1　创建自己的代码片段

如果自己有常用的 ActionScript 代码，可将其保存到代码片段面板中，以便快捷方便地在其他项目中调用该代码。

1. 确保打开代码片段面板。

2. 在面板右上角的选项菜单中，选择"创建新代码片段"，如图 6.54 所示。

这样，将会出现"创建新代码片段"对话框。

3. 在"标题"和"说明"文本框内，可为新代码片段输入标题和描述说明。在"代码"框内，即可输入要保存的 ActionScript 代码。其中术语 instance_name_here 是实例名称的占位符。另外，确保勾选了"代码"文本框下方的复选框，如图 6.55 所示。

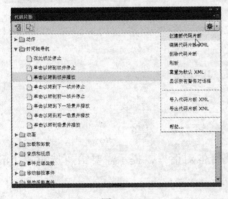

图6.54

图6.55

4. 单击"确定"按钮。

在代码片段面板中，Flash 将自行保存的代码保存在"自定义"文件夹中，如图 6.56 所示。现在就可以在该面板中看到保存的代码，并将其应用于其他工程。

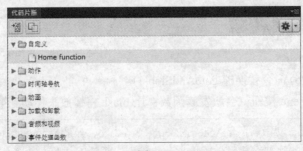

图6.56

6.10.2　分享代码片段

这样长此以往，就可以积累一个有用的代码片段库，并将其与其他开发人员分享。在 Flash 中，还可以很方便地导出自行定义的代码片段、并允许其他 Flash 开发人员将其导入到各自的代码片段面板。

1. 确保打开代码片段面板。

2. 在面板右上角的选项菜单中，选择"导出代码片段 XML"选项，如图 6.57 所示。

在"将代码片段另存为 XML"对话框中，选择文件名称和保存类型，然后单击"确定"按钮。Flash 将所有代码片段面板中的片段（既包括默认代码片段，也包括自定义的片段）都保存在 XML 文件中，以便分发给项目小组的其他成员。

3. 要导入自定义的代码片段，可选择代码片段面板中的"导入代码片段 XML"选项，如图 6.58 所示。

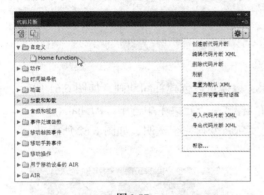

图6.57　　　　　　　　　　　图6.58

选择包含自定义片段的 XML 文件后，单击"打开"按钮。这样，代码片段面板中就会包含来自 XML 文件的所有片段。

6.11　在目标处播放动画

到现在为止，本课的互动式餐厅指南可通过 gotoAndStop() 命令，在"时间轴"的不同关键帧内显示各种信息。但是，如何在单击按钮后播放动画呢？可以使用 gotoAndPlay() 命令，通过该命令的参数将播放头移动至某一帧编号或帧标签处开始播放。

6.11.1　创建过渡动画

下面，将要为每家餐厅的指南创建一个简短的过渡动画。然后修改 ActionScript 代码，指导 Flash 前往起始关键帧、播放该动画。

1. 将播放头移至 label1 帧标签处，如图 6.59 所示。

图6.59

2. 在"舞台"上，用鼠标右键单击（或按 Ctrl 键＋单击）餐厅信息实例，并从出现的菜单中选择"创建补间动画"选项，如图 6.60 所示。

图6.60

这样，Flash 将为实例创建一个独立的补间图层，以便可以创建补间动画，如图 6.61 所示。

3. 在"属性"检查器中，在"色彩效果"栏的"样式"下拉菜单中选中"Alpha"。

4. 将 Alpha 滑块移至 0%。这样，"舞台"上的实例将变得完全透明，如图 6.62 所示。

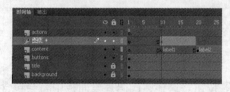

图6.61

图6.62

5. 将播放头移动至第 19 帧，即补间范围的末尾处，如图 6.63 所示。

6. 在"舞台"上选中透明的实例。

7. 在"属性"检查器中，将 Alpha 滑块移至 100%，如图 6.64 所示。

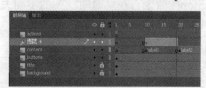

图6.63

图6.64

这样，该实例将显示为正常的透明度。而从第 10 帧到第 19 帧的补间动画则显示了平滑的淡入效果，如图 6.65 所示。

8. 在 label2、label3 和 label4 关键帧标签处，分别为其余 3 家餐厅创建与之相似的补间动画，如图 6.66 所示。

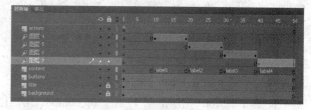

| 图6.65 | 图6.66 |

 注意： 通过之前所学，可以使用动画预设面板保存补间动画，并将其应用于其他对象，以节省时间和精力。选中"时间轴"上的第一个补间动画，并单击"将选区另存为预设"按钮。保存后，即可将该补间动画应用于另一个实例。

6.11.2 使用 gotoAndPlay 命令

gotoAndPlay 命令可将 Flash 播放头移至"时间轴"的某一指定关键帧处，并从该点开始播放。

1. 选中 actions 图层的第 1 帧，打开动作面板。

2. 如图 6.67 所示，在 ActionScript 代码中，将前 4 个 gotoAndStop() 命令替换为 gotoAndPlay() 命令，其中的参数保持不变：

- gotoAndStop("label1"); 应改为 gotoAndPlay("label1");
- gotoAndStop("label2"); 应改为 gotoAndPlay("label2");
- gotoAndStop("label3"); 应改为 gotoAndPlay("label3");
- gotoAndStop("label4"); 应改为 gotoAndPlay("label4");

```
actions:1                                                    ⊕ ♪ <>
1    stop();
2    gabelloffel_btn.addEventListener(MouseEvent.CLICK, restaurant1);
3  ⊟ function restaurant1(event:MouseEvent):void {
4      gotoAndPlay("label1");
5    }
6    garygari_btn.addEventListener(MouseEvent.CLICK, restaurant2);
7  ⊟ function restaurant2(event:MouseEvent):void {
8      gotoAndPlay("label2");
9    }
10   ilpiatto_btn.addEventListener(MouseEvent.CLICK, restaurant3);
11 ⊟ function restaurant3(event:MouseEvent):void {
12     gotoAndPlay("label3");
13   }
14   pierreplatters_btn.addEventListener(MouseEvent.CLICK, restaurant4);
15 ⊟ function restaurant4(event:MouseEvent):void {
16     gotoAndPlay("label4");
17   }
```

图6.67

对于每一个餐厅按钮，ActionScript 代码都将会指导播放头前往特定的帧标签，并从该点开始播放。

确保此时主页键的函数不变，也就是说仍将该按钮的函数保持为 gotoAndStop() 命令。

注意：快速进行多处替换的方法是在动作面板中使用"查找和替换"命令。在该面板右上角的选项菜单中，选中"查找"选项，然后在下拉菜单中选择"查找和替换"选项。

6.11.3 停止动画

如果要测试影片（"控制" > "测试影片" > "在 Flash Professional 中"），可以看到单击每个按钮都可以前往与其对应的帧标签处，从该点开始播放，但是之后会显示该点后"时间轴"上所有的动画。下面来设置 Flash 何时停止。

1. 选中 actions 图层的第 19 帧，即 content 图层上 label2 关键帧的前一帧。

2. 用鼠标右键单击（或按 Ctrl 键 + 单击），在出现的菜单中选择"插入关键帧"选项。

这样，就在 actions 图层的第 19 帧处插入了一个新的关键帧，如图 6.68 所示。

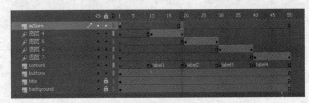

图6.68

3. 打开动作面板。

此时动作面板中的"脚本"窗格是空白的。但是不需惊慌，因为之前的代码并没有消失，事件侦听器的代码位于 actions 图层的第 1 个关键帧。之前选中了一个新的关键帧，下面将在其上添加停止命令。

4. 在"脚本"窗格上，输入"stop();"，如图 6.69 所示。这样，Flash 将会播放到第 19 帧时停止。

图6.69

注意：如果愿意的话，也可以使用代码片段面板来添加该停止命令。

5. 依次在第 29 帧、第 39 帧和第 50 帧处插入关键帧。

6. 在动作面板中，分别在以上 3 处关键帧中添加一个停止命令，结果如图 6.70 所示。

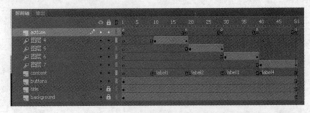

图6.70

7. 选择菜单"控制">"测试影片">"在 Flash Professional 中"，以便测试自己的影片。

这时，每个按钮都可前往不同关键帧，并播放一个简短的淡入动画。在动画末尾处，影片停止并等待观众单击主页键。

6.12 动画式按钮

现在，当光标经过餐厅按钮时，灰色的信息框就会突然出现。但是可以尝试将灰色信息框制作成动画，这样将会给网站用户和按钮之间的交互性提供更多的真实活力和奇思妙想。

动画式按钮在"弹起"、"指针经过"或"按下"关键帧中显示动画。要创建动画式按钮的关键在于要在影片剪辑元件内部创建动画，然后将该影片剪辑元件置于按钮元件的"弹起"、"指针经过"或"按下"关键帧中。这样，当按钮的一个关键帧显示时，该影片剪辑元件中的动画也可以开始播放。

在影片剪辑元件中创建动画

现在，交互式餐厅指南中的按钮元件已经在"指针经过"状态中，包含了一个灰色信息框的影片剪辑元件。下面，将要编辑每一个影片剪辑元件以向其中添加动画。

1. 在库面板中，展开 restaurant previews 文件夹。双击 gabel loffel over info 影片剪辑元件。

此时，Flash 将会进入 gabel loffel over info 影片剪辑元件的元件编辑模式，如图 6.71 所示。

2. 选中"舞台"上所有可见的元素（按 ctrl 键或 Command + A 组合键）。

3. 用鼠标右键单击（或按 Ctrl 键 + 单击），在出现的菜单中选择"创建补间动画"选项，如图 6.72 所示。

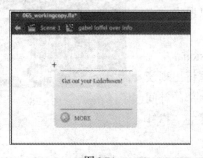

图6.71

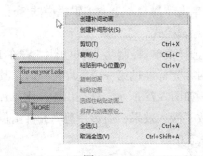

图6.72

4. 在出现的对话框中，要求确认将所选内容转换为元件，单击"确定"按钮即可。

这样，Flash 将会创建一个补间图层，并向影片剪辑"时间轴"上添加一个 1 秒的帧，如图 6.73 所示。

5. 往回拖动该补间范围的末尾，使得其"时间轴"仅包含 10 帧即可，如图 6.74 所示。

图6.73 图6.74

6. 将播放头移至第 1 帧，然后选中"舞台"上的实例。

7. 在"属性"检查器中的"色彩效果"栏的"样式"下拉菜单中选择 Alpha，并将 Alpha 滑块移至 0%。

这样，"舞台"上的实例将会变得完全透明，如图 6.75 所示。

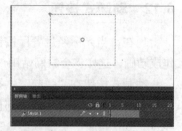

8. 将播放头移至第 10 帧，即补间范围的末尾。

9. 在"舞台"上选中该透明实例。

10. 在"属性"检查器中，将 Alpha 滑块移至 100%。

这样，Flash 将会在 10 帧的补间范围中创建一个从透明实例到不透明实例的平滑过渡，如图 6.76 所示。

11. 插入一个新图层，并将其命名为 actions。

图6.75

12. 在 actions 图层的最后一帧（第 10 帧）插入一个新的关键帧，如图 6.77 所示。

图6.76 图6.77

13. 打开动作面板（"窗口">"动作"），然后在"脚本"窗格中输入"stop();"。

这样，就向最后一帧中添加了停止动作，使得淡入效果仅播放一次。

14. 单击"舞台"上方编辑栏中的 Scene1 按钮，以退出元件编辑模式。

15. 选择菜单"控制">"测试影片">"在 Flash Professional 中"。

此时，光标经过第一个餐厅按钮时，其灰色信息框将出现淡入效果，如图 6.78 所示。这是由于位于影片剪辑元件内部的补间动画播放了淡入效果，而影片剪辑元件则位于按钮元件的"指针经过"状态中。

图6.78

FL **注意**：如果需要动画式按钮重复它的动画效果，可放弃影片剪辑"时间轴"末端的停止命令。

16. 为其他的灰色信息框影片剪辑创建相同的补间动画，以便 Flash 可以为所有餐厅按钮创建动画式效果。

6.13 复习

复习题

1. 如何、在哪里添加 ActionScript 代码？

2. 如何命名一个实例，而这样做为什么是必须的？

3. 如何标记帧，这样标记何时有用？

4. 函数是什么？

5. 事件是什么？事件侦听器是什么？

6. 如何创建动画式按钮？

复习题答案

1. ActionScript 代码可与"时间轴"上的关键帧关联起来，而带有 ActionScript 代码的关键帧上会出现小写字母"a"。可以选择菜单"窗口">"动作"，然后在动作面板中添加 ActionScript 代码；或选中一个关键帧，在"属性"检查器中单击 ActionScript 面板图标；也可以用鼠标右键单击（或按 Ctrl 键＋单击）后，在出现的菜单中选择"动作"。之后就可在动作面板的"脚本"窗格直接输入代码，也可以通过代码片段面板添加 ActionScript 代码。

2. 要命名实例，可以在"舞台"上选中它，然后在"属性"检查器的"实例名称"文本框中输入其名称。只有对实例命名后，才可以在 ActionScript 代码中引用它。

3. 要标记帧，可以在"时间轴"上选中该关键帧，然后在"属性"检查器的"帧标签名称"文本框中输入其名称。在 Flash 中标记帧后，就可以在 ActionScript 代码中更加灵活地引用该关键帧。

4. 函数是可通过函数名来引用的一组语句。使用函数，就可以重复地引用这些相同的语句，而不需在脚本中不断地重复它们。检测到某事件后，就可以执行一个函数作为响应。

5. 事件是 Flash 可检测到、可做出响应的单击按钮、键盘按键或一组输入的动作。事件侦听器，也被称为事件处理程序，就是针对某些特定事件做出响应的函数。

6. 动画式按钮显示了"弹起"、"指针经过"或"按下"关键帧的动画。要创建动画式按钮，可在影片剪辑元件内部创建动画，然后将该影片剪辑置入按钮元件的"弹起"、"指针经过"或"按下"关键帧内部。这样，显示这些按钮的某一关键帧时，就会播放该影片剪辑元件的动画。

第7课 处理声音和视频

课程概述

在这一课中，将学习如何执行以下任务：

- 导入声音文件
- 编辑声音文件
- 使用 Adobe Media Encoder
- 了解视频和音频编码选项
- 在 Flash 工程中播放外部视频
- 自定义关于视频回放组件的选项
- 处理包含 Alpha 通道的视频
- 在 Flash 项目中嵌入视频
- 从 Flash 中导出视频签
- 创建动画式按钮

　完成本课的学习大约需要 3 小时，请从光盘中将文件夹 Lesson07 复制到硬盘中。

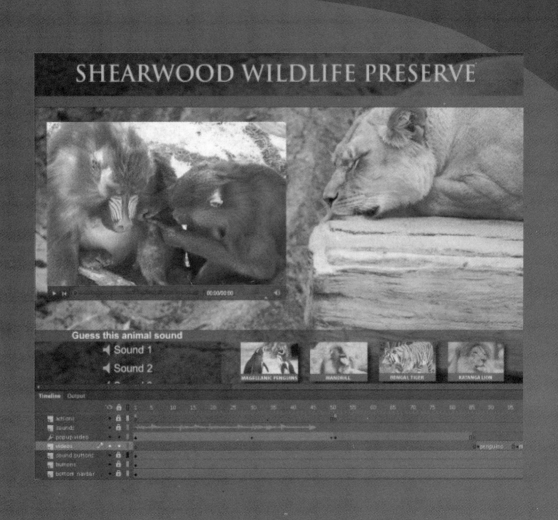

　　声音和视频可以为 Flash 项目添加全新的看点。本课将学习如何导入声音文件并进行编辑；学习如何使用 Adobe Media Encoder 压缩、转换视频文件，以便在 Flash 中使用；还要学习如何将 Flash 动画作为视频导出。

7.1 开始

正式操作前,先来查看本课将要在 Flash 中学习制作的动画式动物园触摸屏。本课要向 Flash 项目中添加声音、视频文件以创建触摸屏。

1. 双击 Lesson07/07End 文件夹中的 07End.html 文件,以播放动画,如图 7.1 所示。

首先是一段北极熊短片,配有非洲打击乐背景,然后将会出现一位动物园管理员进行自我介绍,此时,Flash 元素将与其声音同时出现。

图7.1

2. 单击一个声音按钮以倾听一种动物的声音。

3. 单击一个缩览图按钮以观察一段关于该动物的短片。使用影片下方的界面控件,可以暂停、继续影片,也可以降低音量,如图 7.2 所示。

图7.2

在本课中，需要导入音频文件，并将其放在"时间轴"上以创建简短的音频音乐；向按钮中嵌入声音；然后将使用 Adobe Media Encoder 压缩、转换视频文件，使其成为可在 Flash 中使用的格式；处理视频中的透明背景，从而创建动物园管理员的侧面像视频。另外，还会通过使用本书中前几课中完成的项目，来学习如何将 Flash 内容导出为高质量视频。

4. 双击 Lesson07/07Start 文件夹中的 07Start.fla 文件，以在 Flash 中打开初始工程文件。该文件包含已经在"库"面板中的所有资源，并且已经正确地设置了"舞台"的大小。

5. 选择菜单"文件">"另存为"。把文件名命名为 07_workingcopy.fla，并把它保存在 07Start 文件夹中。保存工作副本，以确保重新设计时，能够使用原始的初始文件。

7.2 了解项目文件

本课的项目除了音频、视频部分以及一些 ActionScript 代码，初步已完成。项目中，舞台大小为 1000 像素 ×700 像素，底部一排为动物的彩色图像按钮，另一组按钮位于左侧，顶部是标题，舞台背景是一幅正在休息的狮子图像，如图 7.3 所示。

图7.3

时间轴包含多层图层，用于分隔不同的内容。

图7.4

如图 7.4 所示，最下面 3 个图层，分别被称为 background photo，title 和 bottom navbar，包含了各种设计元素、文本和图像。它们上方的两个图层，分别是 buttons 和 sound buttons，包含了按钮元件的实例。videos 图层和 highlights 图层则包含了几个带标签的关键帧，而 actions 图层包含了 ActionScript 代码，为"舞台"底部一栏按钮提供事件处理程序。

7.3 使用声音文件

可向 Flash 中导入各种类型的声音文件。Flash 支持常用的 MP3 和 WAV 格式的文件。向 Flash 中导入声音文件时，将保存在库面板中。可在"时间轴"的不同位置上，将其从库面板中拖至"舞台"中央，以与"舞台"上发生的动作同步。

7.3.1 导入声音文件

下面，将向库面板中导入数个本课中要使用的声音文件。

1. 选择菜单"文件" > "导入" > "导入到库"。

2. 在 Lesson07/07Start/Sounds 文件夹中选中 Monkey.wav 文件，然后单击"打开"按钮。

这样，Monkey.wav 文件将会出现在库面板中。该声音文件有一个独特的图标，而且预览窗口会显示波形图，例如一系列代表声音的波峰和波谷，如图 7.5 所示。

3. 单击"库"预览窗口右上角的"播放"按钮，以播放该段声音文件。

4. 双击 Monkey.wav 文件左侧的声音图标。

此时，将会出现"声音属性"对话框，其中提供了关于该声音文件的各种信息，包括其原始文件所处位置、大小和其他属性，如图 7.6 所示。

5. 选择菜单"文件" > "导入" > "导入到库"，然后选中其他声音文件，将其导入到 Flash 项目中。依次导入 Elephant.wav，Lion.wav、Africanbeat.mp3 和 Afrolatinbeat.mp3 这几个文件，这样，库面板中就包含了所有本课所需的声音文件。

图7.5

> **FL** 注意：按住Shift键，可一次导入多个文件。

6. 在库面板中创建一个文件夹，并将所有声音文件放入其中以更好地组织文件。将文件夹命名为 sounds，如图 7.7 所示。

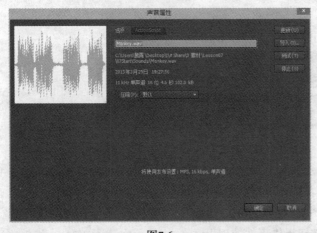

图7.6

图7.7

7.3.2 把音频放在"时间轴"上

可将声音放在"时间轴"的任一关键帧上，而 Flash 会在播放头抵达该处时播放声音。下面，会将一段声音放置在第 1 个关键帧，以便影片开始播放时就出现一段轻松、调节心情的音乐。

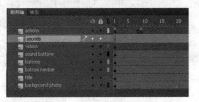

图7.8

1. 在"时间轴"上选中 videos 图层。

2. 插入新图层，命名为 sounds，如图 7.8 所示。

3. 选中 sounds 图层的第 1 个关键帧。

4. 从库面板的 sounds 文件夹中将 Afrolatinbeat.mp3 文件拖至"舞台"中央。

该声音的波形将会出现在"时间轴"上，如图 7.9 所示。

图7.9

5. 选中 sounds 图层的第 1 个关键帧。

在"属性"检查器中，注意到该声音文件出现在"声音"栏的下拉菜单中，如图 7.10 所示。

6. 在"同步"选项中选择"数据流"，如图 7.11 所示。

"同步"选项可决定声音如何在"时间轴"上播放。使用"数据流"同步，可将较长的音乐或解说音频放置在"时间轴"上。

图7.10

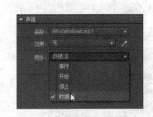

图7.11

7. 将播放头在"时间轴"上来回移动。此时，将会播放该声音文件。

8. 选择菜单"控制">"测试影片">"在 Flash Professional 中"。

此时，该声音只会播放很短的一段时间。这是因为选择了"数据流"同步，因此只有在播放头沿着"时间轴"移动、剩余有充足的帧时才会播放该声音。而在第 10 帧时有一个停止动作，它会停止播放头，从而停止播放该声音。

7.3.3 向"时间轴"添加帧

下面，要扩展"时间轴"，以便整个声音文件（或需要播放的部分）可以在停止动作将播放头停止之前播放完毕。

1. 在"舞台"上单击以取消选中"时间轴"，然后单击顶部的帧编号，将播放头移至第1帧～第9帧之间，如图7.12所示。

图7.12

2. 选择菜单"插入">"时间轴">"帧"，或按F5键，在所有图层中的第1帧～第9帧插入帧。

3. 插入大约50个帧用于播放声音，以防在actions图层的第二个关键帧出现前停止动作，如图7.13所示。

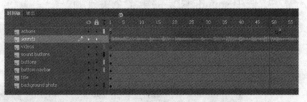

图7.13

4. 选择菜单"控制">"测试影片">"在Flash Professional中"。

这样，声音播放的时间就会更长些，因为在播放头停止前有更多的帧用于播放声音。

7.3.4 剪切声音的末尾

导入的声音比需要播放的长度略长。下面，需要使用"编辑封套"对话框缩短该声音文件，然后应用淡出效果使声音在结束时逐渐减弱。

1. 选中sounds图层的第1个关键帧。

2. 在"属性"检查器中，单击"编辑声音封套"（铅笔状）按钮，如图7.14所示。

此时，将打开"编辑封套"对话框，并显示声音文件的波形。

上面和下面的波形分别是立体声的左、右声道。时间轴位于两个声道波形之间，预设效果的下拉菜单位于左上角，视图选项位于底部，如图7.15所示。

图7.14

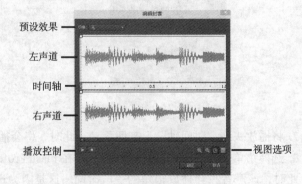

图7.15

3. 在"编辑封套"对话框中，单击并选中"秒"图标。

这将把时间轴的单位从"帧"变为"秒"。单击"帧"图标即可再次转换单位，如图7.16所示。可以来回切换单位，这取决于要如何查看声音。

4. 单击"缩小"图标，可观察整个波形。

波形大致为 240 帧，或约为 10 秒。

5. 将时间滑块的右端拖至大约第 45 帧，如图 7.17 所示。

这样，就将声音文件从末尾剪短，所得声音播放大约为 45 帧。

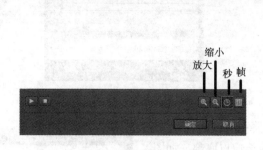

图7.16 | 图7.17

6. 单击"确定"按钮以完成该修改过程。

主"时间轴"上的波形表明声音已被截短，如图 7.18 所示。

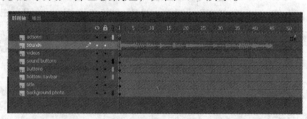

图7.18

7.3.5　更改音量

如果声音是淡出、而不是突然中断的话，效果会更好。可以在"编辑封套"对话框中，修改整个时间轴上的音量，可使用该对话框来制造淡入、淡出效果，或单独调整左声道、右声道的音量。

1. 选中 sounds 图层的第 1 个关键帧。

2. 在"属性"检查器中，单击"编辑声音封套"（铅笔状）按钮。这将出现"编辑封套"对话框。

3. 选择"帧"视图选项，然后放大波形以观察第 45 帧附近的情况，如图 7.19 所示。

4. 在第 20 帧附近，单击上侧波形的顶部水平线。

此时，水平线上方将出现一个小方框，这表明该关键帧用于控制音量，如图 7.20 所示。

5. 在第 45 帧附近，单击上侧波形的顶部水平线，然后将其拖至窗口底部，如图 7.21 所示。

图7.19

图7.20

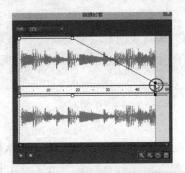

图7.21

对话框中，向下的对角线表明音量从 100% 降至 0%。

6. 单击下侧波形对应的关键帧，将其向下拖至窗口底部，如图 7.22 所示。

这样，左、右声道的音量将会从第 20 帧慢慢降低，直到第 45 帧，音量将为 0%。

7. 单击对话框左下角的"播放声音"按钮，以测试声音编辑的效果。单击"确定"按钮以完成该修改。

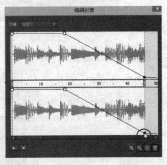

图7.22

FL | **注意：** 可在"编辑封套"对话框的下拉菜单中选择应用预设效果。其中就有常用的淡入、淡出效果。

7.3.6 删除或更改声音文件

如果对"时间轴"上的声音不满意，可以在"属性"检查器中将其修改为另一个声音文件。

1. 选中 sounds 图层上的第 1 个关键帧。

2. 在"属性"检查器的"名称"下拉列表中选择"无"，如图 7.23 所示。

这将会把声音从"时间轴"上删去。

3. 下面将要添加另一个声音文件。在"名称"中选中 Africanbeat.mp3，如图 7.24 所示。

图7.23

图7.24

这样，就将 Africanbeat.mp3 添加到"时间轴"上。而"编辑封套"对话框中剪切声音、淡出效果都已恢复默认设置（这是由于之前选择了"无"来移去 Afrolatinbeat.mp3 的声音）。可以返回"编辑封套"对话框，用之前的方法重新剪切声音，创建淡出效果。

7.3.7　设置声音的品质

可以控制在最终的 SWF 文件中压缩声音的程度。压缩程度越小，声音音质就会越好，但生成的 SWF 文件就会越大；反之，压缩程度越大，音质越差，生成的 SWF 文件会越小。因此，需要根据需求来权衡声音音质和文件大小，可以在"发布设置"选项中设置声音音质和压缩程度。

1. 选择菜单"文件" > "发布设置"，将出现"发布设置"对话框，如图 7.25 所示。
2. 勾选左侧的 Flash 选项卡，以观察"音频流"和"音频事件"的各种设置。
3. 单击"音频流"的"设置"按钮，以打开"声音设置"对话框。将"比特率"增大到 64kbps，取消选择"将立体音转换为单声"复选框，然后单击"确定"按钮，如图 7.26 所示。

图7.25

图7.26

4. 单击"音频事件"的"设置"按钮，以打开其"声音设置"对话框。
5. 将"比特率"修改为 64kbps，取消选择"将立体音转换为单声"复选框，然后单击"确定"按钮。

此时，"音频流"和"音频事件"都设置为 64kbps，并保留了立体声，如图 7.27 所示。

图7.27

Africanbeat.mp3 决定于立体声效果，因此应该保留左右声道。

比特率的单位是 Kbit/s，它决定了最终导出的 Flash 影片的声音音质。比特率越高，音质越好，但是相应生成的文件就会越大。在本课中，将比特率设为 64kbps。

6. 勾选"覆盖声音设置"复选框，然后单击"确定"按钮以保存以上设置。

"发布设置"对话框中的各种声音设置将会决定 Flash 影片的声音导出方式。

7. 选择菜单"控制" > "测试影片" > "在 Flash Professional 中"。

于是，保留了声音的立体效果，而声音的品质则是由"发布设置"对话框中的各项设置所决定。

7.3.8 将声音添加到按钮

在触摸屏中，按钮出现在"舞台"的左侧。下面，将声音添加到按钮，以便单击按钮时可以播放声音。

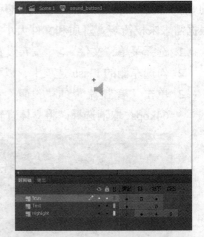

1. 在库面板中，双击 sound_button1 按钮元件图标。这将进入该按钮元件的元件编辑模式，如图 7.28 所示。

2. 该按钮元件的 3 个图层可以帮助组织"弹起"、"指针经过"、"按下"和"点击"状态的内容。

3. 插入新图层，命名为 sounds，如图 7.29 所示。

4. 在 sounds 图层中选中"按下"关键帧，在该处插入一个关键帧。

这样，就在该按钮的"按下"状态出现了一个新的关键帧，如图 7.30 所示。

图7.28

图7.29

图7.30

5. 从库面板中把 Monkey.wav 文件拖至"舞台"中央。这样，Monkey.wav 文件的声音波形就会出现在 sounds 图层的"按下"关键帧处，如图 7.31 所示。

6. 在 sounds 图层选中"按下"关键帧。

7. 在"属性"检查器的"同步"选项中选择"开始"，如图 7.32 所示。

图7.31

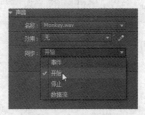

图7.32

"开始"选项可在播放头进入该关键帧时就激发声音文件。

8. 选择菜单"控制" > "测试影片" > "在 Flash Professional 中"。单击第一个按钮以测试猴子的声音，如图 7.33 所示，然后关闭该预览窗口。

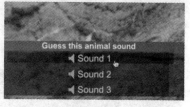

9. 编辑 sound_button2 和 sound_button3，依次将 Lion.wav 和 Elephant.wav 添加至它们各自的"按下"状态。

图7.33

理解"声音同步选项"

声音同步指的是声音被激发、播放的方式。通常有 4 个选项："事件"、"开始"、"停止"和"数据流"。"数据流"是将声音关联到"时间轴"上，以便可以将动画元素与声音同步。而"事件"和"开始"则用于以特定的事件（如单击按钮）来激发一段声音（通常是短促的声音）；"事件"和"开始"很相似，但是"开始"同步不会在已经播放声音时再触发声音，因此"开始"的同步方式不会有重叠声音。"停止"选项不常用，可用于停止一段声音。如果要在"数据流"同步时停止一段声音，只需简单地插入一个空白关键帧即可。

7.4 了解 Flash 视频

Flash 通过 Web 传递视频是最常用的方法。结合视频与各种互动性、动画元素，可以为网站用户创建出丰富多变的多媒体观赏效果。

Flash 中有两种播放视频的方法。一种是将视频与 Flash 文件独立，使用 Flash 中的回放组件播放视频。如果视频剪辑很短，则推荐第二种方法，将该视频嵌入到 Flash 文件中。

两种方法都需要将 Flash 的视频设置为正确的 Flash Video 格式，其扩展名为 .flv 或 .f4v。F4V 支持 H.264 标准，是一种可以高效压缩的同时保持视频高品质的编解码器。编解码器（压缩或解压缩）则是压缩视频文件以节省空间，然后解压缩以回放它的电脑处理方法。FLV 可应用于 Flash 旧版本，并使用较老的编解码器 Sorenson 或 On2 VP6 对其进行处理。

7.5 使用 Adobe Media Encoder

可通过使用 Adobe Media Encoder，将视频文件转化为合适的 FLV 或 F4V 格式。该应用程序独立于 Flash Professional，可转化单个或多个文件（批处理）从而让整个工作流程更快速便捷。

7.5.1　向 Adobe Media Encoder 添加视频文件

将视频文件转化为兼容的 Flash 格式，首先要做的是向 Adobe Media Encoder 中添加视频文件以便编码。

1. 启动 Adobe Media Encoder，如图 7.34 所示，它是与 Adobe Flash Professional 一起安装的。

队列　　　　　　　　　　　　　　　　　　　　　　　　　　预设浏览器

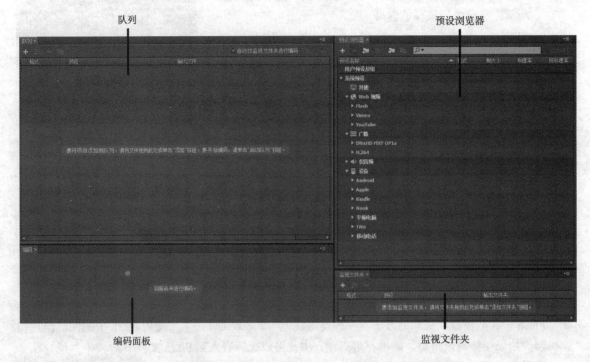

编码面板　　　　　　　　　　　　　　　　　　　　　　监视文件夹

图7.34

开始界面左上角窗口中显示的队列（编码文件列表）是当前已添加的待处理视频文件，现在该窗口是空的；编码面板中显示了正在被处理的视频文件；监视文件夹中是已被批处理的各个文件夹；预设浏览器可选择各种常见的预设选项。

2. 选择菜单"文件" > "添加源"，或单击"队列"面板中的"添加"（加号形状）按钮，如图 7.35 所示。

图7.35

此时，将会出现一个可用于选择视频文件的对话框。

3. 导航到 Lesson07/07Start 文件夹，选中 Penguins.mov 文件，然后单击"打开"按钮。

将 Penguins.mov 文件添加到队列面板中，并随时可将该文件转化为需要的视频格式，如图 7.36 所示。

图7.36

7.5.2 将视频文件转换为 Flash 视频

转化视频文件很容易，而转化的时间取决于原始视频文件的大小和电脑的处理速度。

1. 在队列面板"格式"的第一栏，选择 F4V 格式，如图 7.37 所示。

F4V 是使用高品质、低比特率的 H.264 标准的最新视频编码方式。FLV 则是低质但仍可信的格式。

2. 在"预设"栏中，选择"Web - 320x240，4x3，项目帧速率，500kbps"选项，如图 7.38 所示。

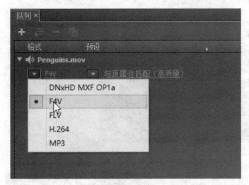

图7.37

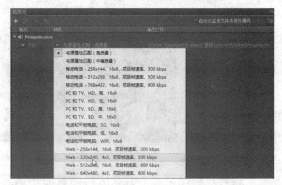

图7.38

在该菜单中，有多个预设标准选项可供选择。

这些选项决定了视频的分辨率和质量。该"Web - 320x240"选项将原始的视频转换为尺寸相对较小的视频，以便将其置入 Flash 的动物园项目中。

3. 单击"输出文件"。

此时，将出现"另存为"对话框，如图 7.39 所示。可从中设置转化后文件的存储位置和文件名。但是，原始视频并不会被删除或修改。

图7.39

4. 单击右上角的"启动队列"（三角形）按钮，如图 7.40 所示。

图7.40

于是，Adobe Media Encoder 开始进行编码。该软件会在编码面板中显示该编码视频的设置、编码过程以及视频的预览效果，如图 7.41 所示。

图7.41

编码过程结束后，会在队列面板的"状态"栏出现"完成"的对勾标志，还会有一个提示音表明该文件已成功完成转换，如图 7.42 所示。

现在，在 Lesson07/07Start 文件夹中，就会有 Penguins.mov 和 Penguins.f4v 文件。

图7.42

> **注意**：可以更改队列面板中各文件的状态，方法为选择菜单"编辑" > "重置状态"或"编辑" > "跳过所选项目"。重置状态将会删去完成文件的绿色对勾标记，以便重新编码。跳过所选项目会在队列面板中有多个文件时，使Flash跳过某一特定文件。

监视文件夹和预设浏览器的设置

监视文件夹面板在处理多个视频文件时非常有用，而预设浏览器则为特定的目标设备保存各种预设设置。

图7.43

向监视文件夹面板中添加文件夹，将会把该文件夹中的内容全部加入队列，自动对其编码。还可对该文件夹设置一个不同的输出设置，从而得到同组视频的不同格式文件。要添加一个新的输出设置，可选中一个监视文件夹，然后单击监视文件夹面板顶部的"添加输出"按钮，如图7.43所示。

列表中将会出现所选项的副本，然后就可以选择新格式或新预设选项。如果将要应用来自预设浏览器面板的某一特定设置，可选中该设置，将其拖至监视文件夹面板上的所选项即可。

在为带宽高、低不同的视频观众准备不同格式的视频时，或应用于手机、平板等不同设备时，这都非常有用。

7.6 了解编码选项

转换原始视频时可以自定义各种设置，如裁剪视频，调整其大小以适应各种分辨率，仅转换视频的某一片段，调整其压缩类型和程度，或对视频应用滤镜。要显示这些编码选项，选择菜单"编辑">"重置状态"，可重置 Penguins.mov 文件，然后在显示列表中单击"格式"或"预设"选项。也可以选择菜单"编辑">"导出设置"，以显示"导出设置"对话框，如图 7.44 所示。

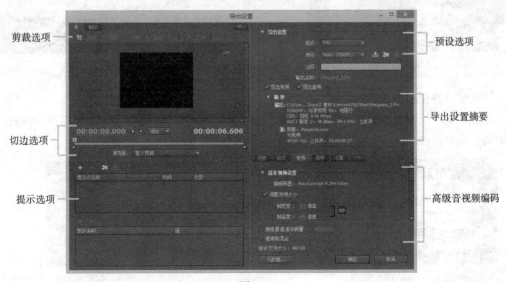

图7.44

7.6.1 裁剪视频

如果只想显示视频的一部分,可以进行裁剪。还未裁剪时,可选择菜单"编辑">"重设状态"以重置 Penguins.mov 文件,然后选择菜单"编辑">"导出设置",以便实验多种裁剪设置。

1. 选择"导出设置"对话框左上角的"源"标签,然后单击"裁剪"按钮。

此时将在视频预览窗口中出现裁剪框,如图 7.45 所示。

2. 向里侧拖动各边,以从上、下、左、右各方向进行裁剪。

裁剪框外侧的灰色部分将被舍弃,Flash 会在光标旁显示视频的新尺寸。还可在预览窗口上部的"左侧"、"右侧"、"顶部"和"底部"设置中,输入精确的像素值,如图 7.46 所示。

图7.45   图7.46

3. 如果想要使裁剪方框保持标准比例,单击"裁剪比例"菜单,然后从中选择满意的比例,如图 7.47 所示。

这样,将会把裁剪框约束为所选比例。

4. 要观察裁剪的效果,单击预览窗口左上角的"输出"标签,如图 7.48 所示。

图7.47   图7.48

该预览窗口将会显示最终视频。

5. 如图 7.49 所示,"源缩放"下拉菜单包含了各种用于设置最终输出文件的裁剪效果的选项。如果视频有裁剪动作,那么"裁剪设置"选项如下图 7.50 所示。

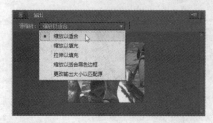

图7.49   图7.50

- 缩放以适合：调整裁剪所得部分的尺寸，并向其添加黑色边框，以适合输出文件，如图 7.51 所示。
- 缩放以填充：调整裁剪所得部分的尺寸，以填充输出文件的大小，如图 7.52 所示。

图7.51

图7.52

- 拉伸以填充：调整裁剪所得部分的尺寸，如有需要还可扭曲其图像，以填充输出文件的大小，如图 7.53 所示。
- 缩放以适合黑色边框：向任何一个边界添加黑色边框，以将裁剪所得部分适合输出文件的尺寸大小，如图 7.54 所示。

图7.53

图7.54

- 更改输出大小以匹配源：修改输出文件的大小以匹配裁剪所得部分的尺寸，如图 7.55 所示。

图7.55

6. 在"源"标签下再次单击"裁剪"按钮以取消选择，并退出裁剪模式。这是因为在本课中并不需要裁剪 Peng-uins.mov 视频。

7.6.2 调整视频的长度

视频可能会在开端或末尾有不需要的片段，可以从任意一端剪除镜头，以调整整个视频的长度。

1. 单击并在视频条中拖动播放头（位于顶部的黄色标记），预览一些连续镜头，如图 7.56 所示。将播放头置于视频需要的起点处即可。

时间标记表明当前已消逝的时间长度。

2. 单击"设置入点"三角形图标，如图 7.57 所示。

该"入点"将会移至播放头当前所在的位置。

图7.56

图7.57

3. 将播放头拖至视频所需的结束点。

4. 单击"设置出点"图标。这将把"出点"移至当前播放头所在的位置，如图 7.58 所示。

5. 也可以简单地拖动"入点"和"出点"标记来括住想要的视频片段。

在"入点"和"出点"之间呈高亮显示的视频就是原始视频中唯一一段将会进行编码的片段。

> **FL** | **注意**：可使用键盘的左向键或右向键，逐帧前移或后移，以进行更精确的控制。

6. 将"入点"和"出点"分别拖回各自的原始位置，或在"源范围"下拉列表中选择"整个剪辑"，这是因为在本课中并不需要修改视频的长度，如图 7.59 所示。

图7.58

图7.59

> **FL** | **提示**："导出设置"对话框的左下角，是为视频设置提示点的区域，提示点是沿着视频中多个位置添加的特殊标记。使用ActionScript，可将Flash设置为可识别遇到的提示点，或可直接将视频导航到特定的提示点。提示点可将一段线性的普通视频转化为一段真正具有互动性、能令人身临其境的视频。更多关于如何在Adobe ActionScript中为提示点添加事件侦听器，可参考"帮助" > "Flash帮助"。

7.6.3 设置高级视频和音频选项

"导出设置"对话框右侧包含了关于原始视频的信息，以及导出设置的摘要。

在顶部的"预设"菜单中可选择一个预设选项。在底部，可以通过单击各个标签导航到高级视频和音频编码选项。最底部，Flash 显示了最终输出文件的大小，如图 7.60 所示。

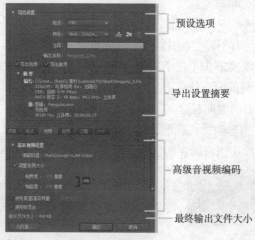
图7.60

下面，将会再次导出 Penguins.mov 文件，但相比之前，文件会更大些。

1. 确保勾选了"导出视频"和"导出音频"复选框。

2. 单击"格式"标签，将要导出的文件格式设为 F4V，如图 7.61 所示。

3. 单击"视频"标签。

4. 确保勾选了"调整视频大小"和约束选项（链条状图标）。帧宽度设为 480，然后单击文本框外以确认该设置，如图 7.62 所示。

图7.61

图7.62

这样，帧高度将会自动修改，以保持该视频的长宽比。

5. 单击"确定"按钮。Flash 将会关闭"导出设置"对话框,并将保存各个高级视频和音频设置。

6. 单击队列面板上的绿色三角形"启动队列"按钮，这将在自定义的各尺寸设置下开始编码。

Flash 将会创建 Penguins.mov 的另一个 F4V 文件，删除之前创建的第一个文件，并将这一文件命名为 Penguins.f4v。

7.6.4 保存高级视频和音频选项

如果想要处理类似的多个视频，可选择在 Adobe Media Encoder 中保存自己的高级视频和音频选项。一旦保存该设置，就可方便快捷地将其应用于队列中的其他视频。

1. 选择菜单"编辑">"重置状态"，以重置队列中企鹅视频的状态,然后选择菜单"编辑">"导出设置"。

2. 在"导出设置"对话框中，单击"保存预设"按钮，如图 7.63 所示。

3. 在出现的对话框中，为视频和音频选项提供一个描述性较好的名称后，单击"确定"按钮即可,如图 7.64 所示。

图7.63

4. 返回视频列表。可在"预设"下拉菜单或右侧的"预设浏览器"中选择该预设选项，将自定义的设置应用于其他视频，如图 7.65 所示。

图7.64

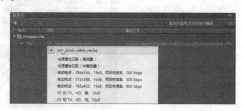

图7.65

7.7 外部视频回放

目前，已经成功地将视频转换为 Flash 可兼容的正确格式，那么就可以在 Flash 的动物园触摸屏项目中使用它了。下面，要使 Flash 在"时间轴"上不同标签的关键帧中播放每个动物视频。

可以让这些视频位于 Flash 项目外部，这样可以使整个 Flash 项目尺寸更小些，还可对视频独立编辑，另外，这些视频还能在 Flash 项目中设置为不同的帧速率。

1. 在 Flash Professional 中打开 07_workingcopy.fla 工程。

2. 在 videos 图层，选中标签为 penguins 的关键帧，如图 7.66 所示。

3. 选择菜单"文件">"导入">"导入视频"。

此时，将出现"导入视频"向导。导入视频向导可逐步地指导如何向 Flash 中添加视频。

图7.66

4. 在"导入视频"向导中，勾选"在您的计算机上"，然后单击"浏览"按钮按钮。

5. 在出现的对话框中，从 Lesson07/07Start 文件夹选中 Penguins.f4v 文件，单击"打开"按钮。对话框中将会出现该视频文件的路径，如图 7.67 所示。

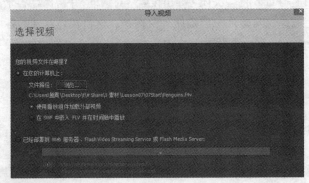

图7.67

6. 选择"使用播放组件加载外部视频"选项。单击"下一步"或"继续"按钮。

7. 在"导入视频"向导的下一个步骤中，可以选择外观或视频的界面控件。在"外观"菜单中，选中第 3 个选项 MinimaFlatCustomColorPlayBackSeekCounterVolMute.swf，如图 7.68 所示。

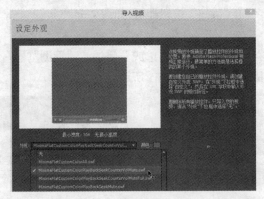

图7.68

外观分为三大类。以"Minima"开始的外观是 Flash 的最新设计，包括带有数字计算器的选项；以"SkinUnder"开始的外观则是出现在视频下面的控件；以"SkinOver"开始的外观是覆盖在视频底部边缘的控件。外观及其控件的预览都会在预览窗口中出现。

8. 选择颜色值 #333333 以及 75% 的 Alpha 值。单击"下一步"或"继续"按钮，如图 7.69 所示。

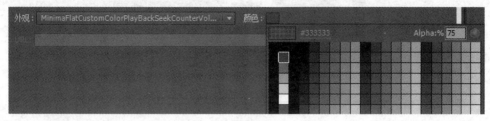

图7.69

9. 在"导入视频"向导的下一个步骤中，确保各个关于视频文件的信息，然后单击"完成"按钮以置入视频。

10. 在"舞台"上将会出现带有所选外观的视频。将该视频放在"舞台"的左侧边缘，如图 7.70 所示。

此时，库面板中将会出现一个 FLVPlayback 组件。该组件是在"舞台"上用于播放外部视频的一种特殊组件，如图 7.71 所示。

图7.70

图7.71

11. 选择菜单"控制">"测试影片">"在 Flash Professional 中"。在最初的音乐后，单击 Mage-llanic Penguins 按钮。

此时，FLVPlayback 组件将会播放外部的企鹅视频，它的外观则是在"导入视频"导向中所设置的样子，如图 7.72 所示。视频播放完后关闭预览窗口。

图7.72

12. 其他动物视频已进行了编码（FLV 格式），位于 07Start 文件夹中。向与其对应的关键帧分别导入 Mandrill.flv，Tiger.flv 和 Lion.flv 视频文件，并选择与之前 Penguins.f4v 视频相同的外观。

> **FL** **注意**：在Flash中不能预览视频，只能选择菜单"控制" > "测试影片" > "在Flash Professional中"来测试影片，以在视频组件中观察视频的播放情况。

控制视频回放

FLVPlayback 组件可以控制播放哪个视频、是否自动播放该视频以及一些其他控制回放的选项，这些选项可在"属性"检查器中进行设置。在"舞台"上选中 FLVPlayback 组件，展开"属性"检查器的"组件参数"栏，如图 7.73 所示。

图7.73

左侧栏罗列了各种属性，分别与右侧栏的各值一一对应。选中"舞台"上的任一视频，然后在以下选项中进行选择：

• 要修改 autoPlay 选项，可取消选中其复选框。选中该框时，视频将自动播放；取消选中它后，视频将在第 1 帧处暂停。

- 要隐藏控件，并只在光标经过视频时显示该控件，可选中 SkinAutoHide 选项的复选框。
- 要选中一个新控件（外观），可单击外观文件的名称，并在出现的对话框中选择一种新外观即可。
- 要修改外观的透明度，可为 skinBackgroundAlpha 输入一个 0（完全透明）~ 1（完全不透明）的小数值。
- 要修改外观的颜色，可单击色片，并为 skinBackgroundColor 选择一种新颜色。
- 要修改视频文件或 Flash 要播放的视频文件位置，单击 source 按钮即可。在出现的"内容路径"对话框中，输入新文件名称或单击文件夹图标以选择新的播放文件，该路径将会与创建的Flash 文件位置关联起来。

7.8 处理视频及其透明度

对于 Flash 中的多个动物视频，可以在前景中显示动物的完整画面，并在背景中显示舒适的环境。但有时却需要使用并不包含背景的视频文件。对于本课中的示例，动物园管理人员是在一个绿色屏幕前拍摄的，并使用 Adobe After Effect 删去了该绿色屏幕。那么在 Flash 中使用该视频时，动物园管理员就会仿佛出现在 Flash 的背景前面，这和新闻气象预报人员播放新闻时相似，其中视频的背景完全透明，可以显示播报员身后的气象图。

视频中的透明度（也称为 Alpha 通道）仅在使用 On2 VP6 编码器的 FLV 格式下被支持。在编码带有 Adobe Media Encoder 的 Alpha 通道的视频时，选择菜单"编辑">"导出设置"，单击"视频"标签后，勾选"编码 alpha 通道"选项，如图 7.74 所示。

图7.74

下面，将向 Flash 中导入已是 FLV 格式的视频文件，以利用回放组件显示。

导入视频片段

1. 插入新图层，命名为 popup video，如图 7.75 所示。

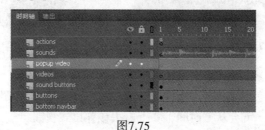

图7.75

2. 在第 50 帧和第 86 帧分别插入关键帧，如图 7.76 所示。

在停止动作（第 50 帧）出现的同时，把动物园管理员的视频放在初始介绍性音乐的末端。而第 86 帧的关键帧则确保动物视频出现时，动物园管理员的视频从"舞台"上消失。

图7.76

3. 选中第 50 帧的关键帧，如图 7.77 所示。

图7.77

4. 选择菜单"文件" > "导入" > "导入视频"。

5. 在"导入视频"导向中，勾选"在计算机上"后单击"浏览"按钮。选中 Lesson07/07Start 文件夹中的 Popup.flv 文件，然后单击"打开"按钮。

6. 选择"使用播放组件加载外部视频"选项，然后单击"下一步"或"继续"按钮。

7. 在"外观"菜单中选中"无"，单击"下一步"或"继续"按钮，如图 7.78 所示。

8. 单击"完成"以置入视频。

动物园管理员的视频将出现在"舞台"上，且是透明的背景，如图 7.79 所示。移动该视频，使其下边缘与导航栏的上边缘对齐。在"属性"检查器中将 x 值设为 260。

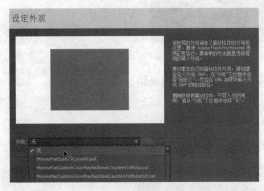

图7.78

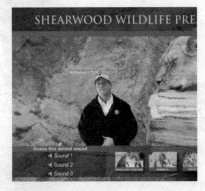

图7.79

9. 选择菜单"控制" > "测试影片" > "在 Flash Professional 中"。

在初始音乐结束后，就将出现动物园管理员，他会有个简短的介绍，如图 7.80 所示。如果单击任意一个动物视频按钮，就会从"时间轴"上删去该弹出式视频。

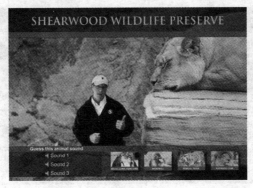

图7.80

> **FL** 注意：如果在导航到另一个关键帧的视频时，还没有停止前一个视频，那么音频就可能会重叠。要阻止这种重叠，可以使用SoundMixer.stopAll()命令以便在开始新视频前停止所有声音。在07_workingcopy.fla文件actions图层的第1个关键帧中，它的ActionScript代码包含了合适的代码，用于在导航到新的动物视频之前停止所有声音。

7.9　嵌入 Flash 视频

在之前的课程中，已经使用了 FLVPlayback 组件来播放 FLV 或 F4V 格式的外部视频。另一种在 Flash 中关联视频的方法是嵌入视频。嵌入视频需要是 FLV 格式，且是很短的片段。FLV 文件保存在 Flash 文件的库面板中，可将其从中拖出放在"时间轴"上。只要"时间轴"上有充足的帧时，视频就会播放。

在 Flash 中嵌入视频，需要 Flash Player 6 及以上的版本。嵌入的视频有以下限制：Flash 不能在超过 120 秒的嵌入式视频中维持音频同步；嵌入的视频最大长度为 16000 帧；另外，嵌入视频还会增加 Flash 项目所占的内存大小，并使测试影片（"控制"＞"测试影片"＞"在 Flash Professional 中"）的过程更漫长，还会延长发布影片的时间。

由于嵌入的 FLV 视频是在 Flash 项目中播放的，因此，FLV 与 Flash 文件之间需要有相同的帧速率，否则，FLV 视频将不会以正常的速度播放。为了确保帧速率相同，需要在 Adobe Media Encoder 的"视频"标签中设置正确的帧速率。

7.9.1　编码嵌入的视频

下面，将要在动物园触摸屏工程中嵌入一段简短的北极熊视频。

1. 打开 Adobe Media Encoder。

2. 选择菜单"文件"＞"添加源…"，或单击队列面板中的加号（＋）按钮，在 Lesson07/07Start 文件夹中选中 polarbear.mov 文件。

这样，就将该 polarbear.mov 文件添加到队列中，如图 7.81 所示。

图7.81

3. 在"格式"选项卡中，选中 FLV 格式，如图 7.82 所示。

4. 单击"预设"设置，或选择菜单"编辑">"导出设置"以打开"编辑导出"对话框。

5. 单击"视频"选项卡，将"帧速率"设为 24。确保取消选中"调整视频大小"复选框，如图 7.83 所示。

图7.82

图7.83

这样，07_workingcopy.fla 文件就设置为每秒 24 帧，还需要把 FLV 视频也设置为每秒 24 帧。

6. 在该对话框的顶部取消选中"导出音频"复选框，单击"确定"按钮，如图 7.84 所示。

7. 单击右上角的"启动队列"三角形图标，以编码视频。这样，Flash 将开始创建 polarbear. flv 文件。

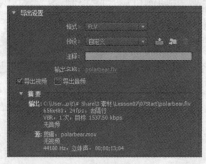

图7.84

7.9.2　在"时间轴"上嵌入 FLV 视频

现在，已经获得了 FLV 格式的视频。下面，可将其导入到 Flash 中，将其嵌入到"时间轴"上。

1. 打开 07_workingcopy.fla 文件。

2. 在 popup vedio 图层上选中第 1 帧，如图 7.85 所示。

3. 选择菜单"文件">"导入">"导入视频"。在"导入视频"向导中，勾选"在您的计算机上"并单击"浏览"按钮。在 Lesson07/07Start 文件夹内选中 polarbear.flv 文件，然后单击"打开"按钮。

4. 在"导入视频"向导中，选中"在 SWF 中嵌入 FLV 并在时间轴中播放"选项，然后单击"下一步"或"继续"按钮，如图 7.86 所示。

图7.85

图7.86

5. 取消选中"如果需要，可扩展时间轴"和"包括音频"选项，如图 7.87 所示。单击"下一步"或"继续"按钮。

6. 单击"完成"按钮以导入该视频。

此时，北极熊的视频将出现在"舞台"上，如图 7.88 所示。使用"选择"工具将其移动至"舞台"的左侧。

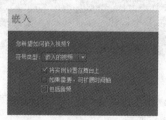

图7.87

图7.88

此时，该 FLV 视频也会出现在库面板中。

注意：这段北极熊的视频并不包含音频。如果视频本身包含音频，在创建环境中无法听到该音频。要听视频中的音频，选择菜单"控制">"测试影片">"在Flash Professional中"即可。

7. 选择菜单"控制">"测试影片">"在 Flash Professional 中"，以观察嵌入视频从第 1 帧播放到第 49 帧的情况。

7.9.3　使用嵌入的视频

可将嵌入的视频当作一个多帧的元件。可将嵌入的视频转换为影片剪辑元件，然后对其应用一个补间动画，以创建一些有趣的效果。

下面，要向嵌入的视频应用一个补间动画，以便在动物园管理员出现、说话时，嵌入的视频可以有淡出效果。

1. 在"舞台"上选中嵌入的北极熊视频，用鼠标右键单击或按 Ctrl 键 + 单击该视频，从出现的菜单中选择"创建补间动画"，如图 7.89 所示。

2. Flash 会出现对话框，询问是否将嵌入的视频转换为元件以便能够应用补间动画。单击"确定"即可，如图 7.90 所示。

图7.89

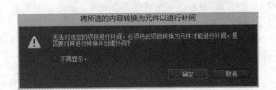

图7.90

3. Flash 需要在影片剪辑元件中添加充足的帧，以便整个视频可以完整播放。单击"是"按钮，如图 7.91 所示。

这样，Flash 将会在该图层上创建一个补间动画，如图 7.92 所示。

图7.91

图7.92

4. 用鼠标右键单击或按 Ctrl 键 + 单击 popup video 图层的第 30 帧，在出现的菜单中单击"插入关键帧" > "全部"，或直接按 F6 键，如图 7.93 所示。

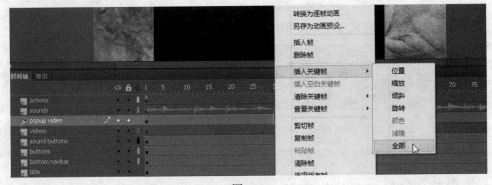

图7.93

这样，Flash 就在第 30 帧插入一个关键帧。

5. 此时让播放头仍停留在第 30 帧，在"舞台"上选中包含嵌入视频的影片剪辑。在"属性"检查器面板的"色彩效果"栏的"样式"菜单中选择"Alpha"，并将 Alpha 值设为 100%，如图 7.94 所示。

图7.94

Flash 在第 30 帧的原始 Alpha 值就是 100%。

6. 将"时间轴"上的播放头移动到第 49 帧，如图 7.95 所示。

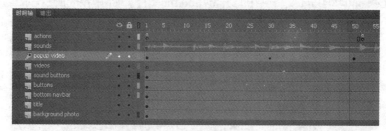

图7.95

7. 在"舞台"上选中包含了嵌入视频的影片剪辑。在"属性"检查器面板的"色彩效果"栏的"样式"菜单中选择"Alpha"，并将 Alpha 值设为 0%，如图 7.96 所示。

图7.96

这样，Flash 在第 49 帧插入了关键帧，并将所选影片剪辑的 Alpha 值设为 0%。于是，该实例就从第 30 帧~第 49 帧出现了淡出效果，如图 7.97 所示。

8. 选择菜单"控制">"测试影片">"在 Flash Professional 中"，以观察嵌入视频的播放情况和淡出效果。

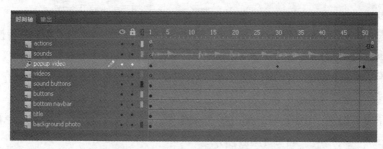

图7.97

这样，就完成了整个互动式的动物园触屏项目。

7.10 从 Flash 中导出视频

到目前为止，已经使用 Adobe Media Encoder 为视频与 Flash 关联做好了准备。但是，还需要使用 Media Encoder 来将创建的 Flash 内容导出为视频。

如用 Flash 强大的绘图和动画工具来创建动画，然后将其导出成为高清的广播质量级视频，或在其他平台上回放，如 iPhone，Nook，Kindle 或安卓设备。

7.10.1 导出视频

下面，将使用在第 4 课中创建的动画。在第 4 课中，创建了科幻动作电影《双重身份》的闪屏。

作为该动画的升级版，客户要求该动画可以在多个平台上运行。下面，将要导出该动画，并将视频编码，以便和多种设备兼容。

1. 打开 Lesson4 文件夹中的 04_workingcopy.fla 文件。如果在第 4 课没有完成该课的全部步骤，可以在 Lesson04/04End 文件夹中打开 04End.fla 文件，如图 7.98 所示。

图7.98

2. 选择菜单"文件" > "导出" > "导出视频"，此时，将出现"导出视频"对话框，取消选中"忽略舞台颜色（生成 Alpha 通道）"复选框，选中"在 Adobe Media Encoder 中转换视频"复选框，然后选择"到达最后一帧时"选项。

如果想要将导出的视频放在其他位置，可单击"浏览"按钮。该视频默认保存在 04End.fla 文件所在的位置，如图 7.99 所示。

3. 单击"导出"按钮。Flash 将导出并保存一个 .mov 文件，自动打开 Adobe Media Encoder 并将文件添加到队列中，如图 7.100 所示。

图7.99

图7.100

| FL | **注意：** Windows系统用户需要下载并安装QuickTime软件，以便在本课中处理这些视频示例。 |

7.10.2 选择待编码的目标设备

下面，将该视频导出到目标设备中，如 iPhone，Nook，Kindle 以及 Android 设备。

1. 在 Adobe Media Encoder 中，将 04End.mov 的"格式"设为 H.264，将"预设"设为"Amazon Kindle Fire 本机分辨率 –1024 × 580 29.97"，如图 7.101 所示。

Adobe Media Encoder 设置了所有需要的导出选项，以便让导出的文件与 Amazon

图7.101

Kindle Fire 兼容。其分辨率设为 1024 像素 × 580 像素，帧速率为 29.97fps。

2. 选中 04End.mov 文件栏。在"预设浏览器"面板中，选中"Android Phone - 320 × 240 29.97"。然后单击该面板右上角的"应用预设"按钮，如图 7.102 所示。

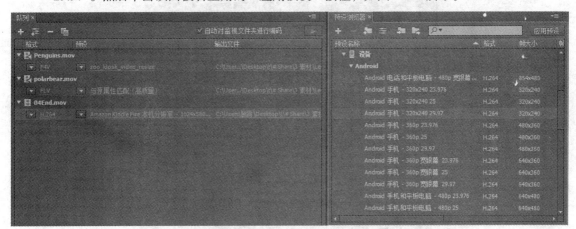

图7.102

这样，Adobe Media Encoder 就添加了另一个输出文件，目标设备为 Android 手机。

图7.103

3. 仍选中 04End.mov 文件栏。在"预设浏览器"面板中同时选择"Apple iPhone, iPod – 320 × 240 29.97"和"Barnes and Noble Nook Color– 854 × 480 29.97"。

这样队列中就会有 04End.mov 文件的 4 个输出文件，如图 7.104 所示。

图7.104

4. 单击"队列"面板顶部的"启动队列"三角形按钮，如图 7.105 所示。

Adobe Media Encoder 就会将 04End.mov 文件编码为"预设"栏中对应的 4 个特定格式，并将得到的文件保存在"输出文件"栏中所指定的路径中。

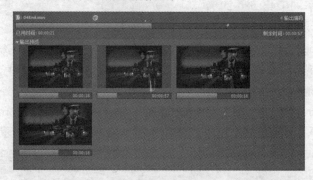

图7.105

视频完成后，就与指定的设备兼容，可在该设备上观看了，如图 7.106 所示。

图7.106

7.11 复习

复习题

1. 如何编辑一个声音片段的长度？

2. 什么是视频的外观？

3. 嵌入视频片段的限制是什么？

4. 如何将一个 Flash 动画导入到一个与特定设备兼容的视频中去？

复习题答案

1. 要编辑一个声音片段的长度，可选中包含它的关键帧，在"属性"检查器中单击铅笔状的"编辑声音封套"按钮。然后在出现的"编辑封套"对话框中移动时间滑块，以便从文件的开头或末尾裁剪声音。

2. 外观是视频控件的功能和外貌的组合，如"播放"、"快进"和"暂停"按钮。可以将按钮放在不同的位置，以得到各种组合效果；可以使用不同的颜色或透明度来自定义外观。如果不需要控制视频，还可以在"外观"菜单中选择"无"选项。

3. 嵌入视频片段后，它将成为 Flash 文档的一部分，包含在"时间轴"上。这样将会极大地增加 Flash 文档所占内存的大小，还会引起音频不同步的问题。因此，要嵌入视频，该视频需要简短，且不包含音轨。

4. 在 Flash Professional 中，要将动画导出，使之成为一段视频，可选择菜单"文件" > "导出" > "导出视频"。在这一过程中，可以自行设定各种编码选项，选择适合各种平台的"预设"选项，具体如 Amazon Kindle、Barnes and Noble Nook、Apple iPhone、Android 以及一些其他的设备。

第8课 加载和显示外部内容

课程概述

在这一课中，将学习如何执行以下任务：

- 载入并显示外部的 SWF 文件
- 放置一个加载的 SWF 文件
- 管理加载 SWF 文件的堆叠顺序
- 删除加载的 SWF 文件
- 控制影片剪辑的"时间轴"

　　完成本课的学习大约需要 1 小时，请从光盘中将文件夹 Lesson08 复制到硬盘中。

使用 ActionScript 代码可加载外部 Flash 内容。通过将 Flash 的内容模块化，可以使项目的管理更方便，也更容易编辑。

8.1 开始

查看本课完成的最终影片。

1. 双击 Lesson08/08End 文件夹中的
   08End.html 文件，以观察最终影片，
   如图 8.1 所示。

本课中的工程是一个虚构的再现生活
时尚杂志，名称为 Check。首页有一个华丽
的动画，显示该杂志的 4 个部分，而每个
部分都是一个嵌套动画的影片剪辑。

第一部分是一篇文章，介绍了即将上
映的电影 Double Identity（《双重身份》），
在第 4 课中创建了该电影的网站，第二部

图8.1

分描述了一款新车，第三部分则呈现了一些数据和图表，而第四部分则是一篇关于如何提升自我
修养的文章。

可在该网站的首页中单击每一部分，以进入相对应的内容。再次单击，即可返回首页。

2. 双击 Lesson08/08End 文件夹中的 page1.swf 文件、page2.swf 文件、page3.swf 文件和 page4.
   swf 文件，如图 8.2 和图 8.3 所示。

每一部分都是一个独立的 Flash 文件。注意首页，也就是 08End.swf，也可以根据需要来加载
每个 SWF 文件。

图8.2 (a)

图8.2 (b)

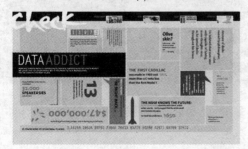

图8.3 (a)

图8.3 (b)

3. 关闭所有的 SWF 文件，在 Lesson08/08Start 文件夹中打开 08Start.fla 文件，如图 8.4 所示。

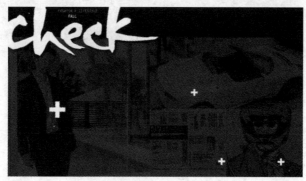

图8.4

> **FL** 注意：如果电脑的FLA文件中没有该文件所需的字体，Flash将出现提示框。可选择替代字体，或单击"使用默认"让Flash自动选择替代字体。

许多图像、图形元素和动画都已包含在该文件中。下面，需要添加所需的 ActionScript 代码，使得 Flash 可以加载外部的 Flash 内容。

4. 选择菜单"文件" > "另存为"。将文件命名为 08_workingcopy.fla，保存在 08Start 文件夹中。保存备份，以便可以在需要时从头开始处理原始文件。

8.2 加载外部内容

可使用 ActionScript 代码将外部的 SWF 文件加载到主 Flash 影片中。加载外部内容可以使整个工程分在不同的模块中，以防尺寸太大而下载不便。而且，这样还便于编辑，因为可以编辑各个区域，而不是整个庞大的文件。

如果想修改第二部分关于新车的文章，只需打开并编辑 page2.fla 文件即可。

要加载外部文件，需要使用两个 ActionScript 对象：ProLoader 和 URLRequest。

> **FL** 注意：ProLoader对象是在Flash Professional CS5.5中引入的对象，在之前的旧版本中，类似的对象是Loader。ProLoader对象和Loader对象是一样的，但是ProLoader加载外部库时可靠性更强，性能更稳定。

1. 在顶部插入新图层，命名为 actionscript，如图 8.5 所示。

2. 按 F9 键（Windows 系统）或 Option+F9 组合键（Mac 系统），以打开动作面板。

3. 键入以下两行代码：

图8.5

```
import fl.display.ProLoader;
var myProLoader:ProLoader=new ProLoader();
```

这段代码首先会导入 ProLoader 类所需的代码，然后创建一个 ProLoader 对象，并将其命名为 myProLoader，如图 8.6 所示。

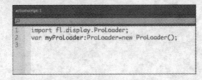

图8.6

> **FL** | 注意：要对比ActionScript代码中的标点、空格和拼写等，可以在动作面板中观察
> 08End.fla文件。

4. 如图 8.7 所示，另起一行，输入以下代码：

```
page1_mc.addEventListener(MouseEvent.CLICK, page1content);
function page1content(e:MouseEvent):void {
 var myURL:URLRequest=new URLRequest("page1.swf");
 myProLoader.load(myURL);
 addChild(myProLoader);
}
```

图8.7

在第 6 课中，就出现了这种语法。在第 3 行，创建了一个检测鼠标单击 page1_mc 对象的侦听器。这是"舞台"上的一个影片剪辑，作为响应，Flash 将会执行 page1content 函数。

page1content 函数将做以下几件事情，首先，将参考需要加载的文件名来创建一个 URLRequest 对象。然后，将该 URLRequest 对象加载到 ProLoader。最后，将 ProLoader 对象添加到"舞台"上，以便可以看到它。

5. 在"舞台"左侧选中带有电影明星的影片剪辑，如图 8.8 所示。

图8.8

6. 在"属性"检查器中，将其命名为 page1_mc，如图 8.9 所示。

之前输入的 ActionScript 代码，已经引用了 page1_mc 名称，所以需要给"舞台"上对应的影片剪辑应用该名称。

7. 选择菜单"控制">"测试影片">"在 Flash Professional 中"，以观察目前创建的影片，如图 8.10 所示。

图8.9

此时，首页将会播放动画，随后动画停止。再单击电影明星时，将会加载并播放 page1.swf。

图8.10

 注意：可以使用ProLoader对象和URLRequest对象来动态加载图像文件，代码语法是完全一致的，只需将SWF文件名替换为JPEG、GIF或PNG文件名，Flash就会加载指定的图像。

注意：给影片剪辑添加事件侦听器使其响应鼠标单击事件，当光标还不能在经过时，可以自动改为手形图标以表明它是可单击的。因此，可在动作面板中，将属性 buttonMode设为true，启动手形图标。如page1_mc.buttonMode=true可以在光标经过"舞台"上的影片剪辑时变为手形图标。

8. 关闭 08_workingcopy.swf 测试影片窗口。

9. 选中 actionscript 图层的第 1 帧，然后打开动作面板。

10. 复制并粘贴事件侦听器和响应函数，以便"舞台"上的 4 个影片剪辑都有各自的侦听器，如图 8.11 所示。这四个侦听器应如下所示：

```
page1_mc.addEventListener(MouseEvent.CLICK, page1content);
function page1content(e:MouseEvent):void {
 var myURL:URLRequest=new URLRequest("page1.swf");
 myProLoader.load(myURL);
 addChild(myProLoader);
}
page2_mc.addEventListener(MouseEvent.CLICK, page2content);
function page2content(e:MouseEvent):void {
```

```
 var myURL:URLRequest=new URLRequest("page2.swf");
 myProLoader.load(myURL);
 addChild(myProLoader);
}
page3_mc.addEventListener(MouseEvent.CLICK, page3content);
function page3content(e:MouseEvent):void {
 var myURL:URLRequest=new URLRequest("page3.swf");
 myProLoader.load(myURL);
 addChild(myProLoader);
}
page4_mc.addEventListener(MouseEvent.CLICK, page4content);
function page4content(e:MouseEvent):void {
 var myURL:URLRequest=new URLRequest("page4.swf");
 myProLoader.load(myURL);
 addChild(myProLoader);
}
```

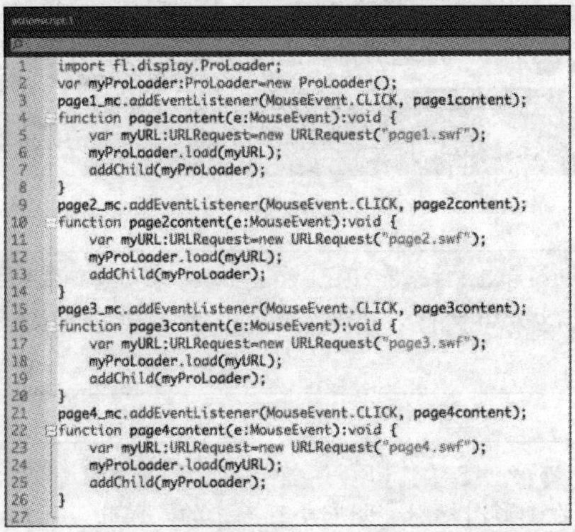

图8.11

11. 在"舞台"上单击其余 3 个影片剪辑，并在"属性"检查器中为其命名。将黄色车命名为 page2_mc，将数据部分命名为 page3_mc，将右下角关于自身修养的部分命名为 page4_mc。

使用代码片段面板

还可以使用代码片段面板来添加代码，以加载外部 SWF 或图像文件。使用代码片段面板可以节省时间和精力，但是亲自编写代码却是理解代码的工作原理的唯一途径，并且有助于创建更合理的自定义工程项目。

若想使用代码片段面板，可依照以下步骤。但是，本课接下来的部分仍是根据之前章节中的代码继续进行的。

1. 选择菜单"窗口">"代码片段"，或打开动作面板，单击右上角的"代码片段"按钮。

这样，将出现代码片段面板。代码片段被组织在以描述其功能为名称的文件夹中。

2. 在代码片段面板中，展开"加载和卸载"文件夹，如图 8.12 所示。

3. 在"舞台"上选中需要激活加载函数的影片剪辑。

4. 在文件夹中，单击"加载 / 卸载 SWF 或图像"，单击左上角的"添加到当前帧"按钮，或直接双击该片段即可，如图 8.13 所示。

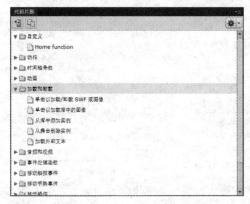

图8.12

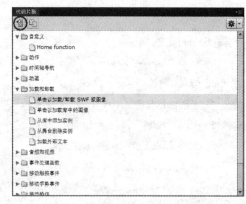

图8.13

如果"舞台"上的实例还没有名称，将会出现一个对话框，以给该实例命名。将实例命名为
page1_mc。

Flash 将会把代码片段添加到"时间轴"的当前关键帧上。

5. 打开动作面板以观察代码，如图 8.14 所示。

```
1
2      /* 单击以从 URL 加载/卸载 SWF 或图像。
3      单击此元件实例会加载并显示指定的 SWF 或图像 URL。再次单击此元件实例会卸载 SWF 或图像。
4
5      说明:
6      1. 用所需 SWF 或图像的 URL 地址替换以下"http://www.helpexamples.com/flash/images/imag
7      2. 如果文件的来源 Internet 域与调用 SWF 所在的域不同，则需要进行特殊配置才可以加载这些文
8      */
9
10     page1_mc.addEventListener(MouseEvent.CLICK, fl_ClickToLoadUnloadSWF);
11
12     import fl.display.ProLoader;
13     var fl_ProLoader:ProLoader;
14
15     //此变量会跟踪要对 SWF 进行加载还是卸载
16     var fl_ToLoad:Boolean = true;
17
18     function fl_ClickToLoadUnloadSWF(event:MouseEvent):void
19     {
20         if(fl_ToLoad)
21         {
22             fl_ProLoader = new ProLoader();
23             fl_ProLoader.load(new URLRequest("http://www.helpexamples.com/flash/images/
24             addChild(fl_ProLoader);
25         }
26         else
27         {
28             fl_ProLoader.unload();
29             removeChild(fl_ProLoader);
30             fl_ProLoader = null;
31         }
32         // 切换要对 SWF 进行加载还是卸载
33         fl_ToLoad = !fl_ToLoad;
34     }
35
```

图8.14

检查这段代码，它比之前小节中出现的代码要略微复杂。这段代码指向一幅在线的简单JPG图像，并带有切换功能，所以网站用户单击一次会加载SWF文件，再次单击则会卸载SWF文件。但是，由于加载的外部SWF文件覆盖了整个舞台，原始的影片剪辑就被隐藏了起来，无法单击它。如果"舞台"的布局可以显示那些激活加载函数的按钮或影片剪辑，那么就可以使用这段代码片段。

删除这段代码，并返回之前章节中手动输入的代码处。

定位加载的内容

加载的内容将会与"舞台"对齐。ProLoader对象的注册点是它的左上角，所以加载的外部SWF文件的左上角将会与"舞台"的左上角（$x=0$，$y=0$）对齐。由于4个外部Flash文件（(page1.swf、page2.swf、page3.swf和page4.swf）全都与加载它们的Flash文件大小相同，因此它们将完全覆盖住"舞台"。

还可以把ProLoader对象放置在任何位置。如果要把ProLoader对象放在其他水平（或垂直）位置，可使用ActionScript代码为其设置一个新的x值（或y值）。

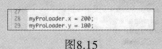

图8.15

以下是具体方法：在动作面板中，输入ProLoader对象的名称，输入一个句号、x或y属性，再输入等号（＝）和一个新数值，如图8.15所示。

在接下来的示例中，myProLoader对象就将定位于距左边缘200像素，距上边缘100像素的位置，如图8.16所示。

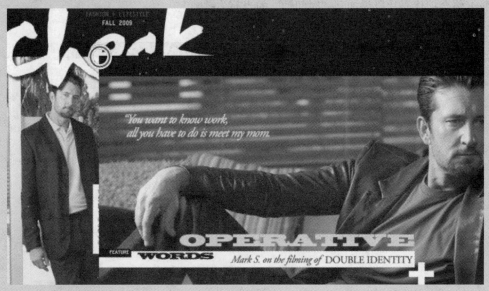

图8.16

这样，加载的外部SWF内容将会出现在靠右200像素，靠下100像素的位置。

8.3 删除外部内容

一旦加载了外部的 SWF 文件,怎样才能将其卸载并返回主 Flash 影片?一种方法是删除 ProLoader 对象,以卸载 SWF 内容,使得观众无法看到它。下面,将使用 unload() 命令从"舞台"上将其删除。

1. 选中 actionscript 图层的第 1 帧,打开动作面板。

2. 如图 8.17 所示,在"脚本"窗格中添加以下代码:

```
myProLoader.addEventListener(MouseEvent.CLICK, unloadcontent);
function unloadcontent(e:MouseEvent):void {
 myProLoader.unload();
}
```

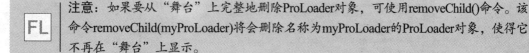

图8.17

这段代码将向名称为 myProLoader 的 ProLoader 对象添加一个事件侦听器。单击 ProLoader 对象时,将会执行 unloadcontent 函数。

该函数只执行一个动作:从 ProLoader 对象中删除所有加载内容。

> **FL** **注意**:如果要从"舞台"上完整地删除ProLoader对象,可使用removeChild()命令。该命令removeChild(myProLoader)将会删除名称为myProLoader的ProLoader对象,使得它不再在"舞台"上显示。

> **FL** **注意**:如果加载的内容包含开放性数据流,如视频和音频,那么在从ProLoader对象中卸载SWF之后,这些音频可能仍会继续播放。这时,可使用unloadAndStop()命令,在卸载SWF内容的同时,让音频停息。

3. 选择菜单"控制">"测试影片">"在 Flash Professional 中",以预览影片的效果。

单击这 4 个区域中的任意一个，然后单击加载的内容，以返回主影片。

8.4 控制影片剪辑

在返回首页封面时，可以看到 4 个区域，因此可单击另一个影片剪辑以加载不同的区域，如果可以重新开始播放初始动画更好，初始动画嵌套在已控制的"舞台"上的 4 个影片剪辑内。可以使用第 6 课所学的基本导航命令（gotoAndStop、gotoAndPlay、stop 和 play）来导航影片剪辑的"时间轴"，而这只需简单地将命令放在影片剪辑的名称前，用点号隔开即可。Flash 将把特定的影片剪辑作为目标，移动它对应的"时间轴"。

1. 选中 actionscript 图层的第 1 帧，打开动作面板。

2. 如图 8.18 所示，向 unloadcontent 函数中添加命令，使得整个函数如下所示：

```
function unloadcontent(e:MouseEvent):void {
 myProLoader.unload();
 page1_mc.gotoAndPlay(1);
 page2_mc.gotoAndPlay(1);
 page3_mc.gotoAndPlay(1);
 page4_mc.gotoAndPlay(1);
}
```

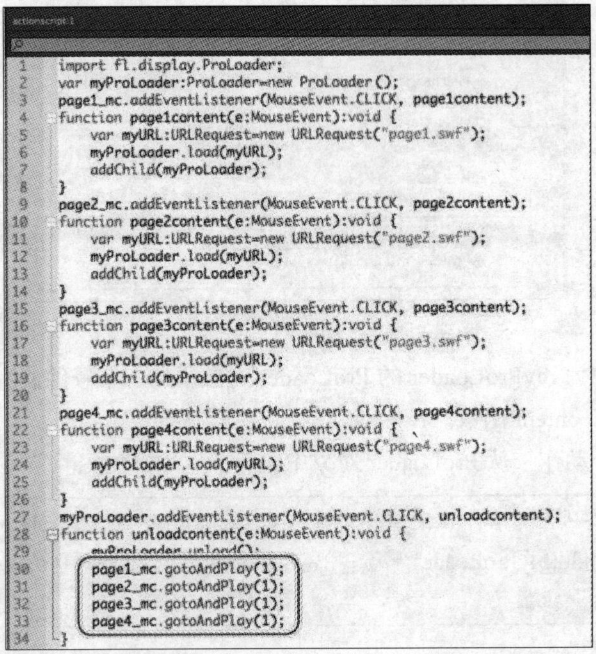

图8.18

用户会在单击该 ProLoader 对象时执行这个函数，从"舞台"上删除 ProLoader 对象，然后将"舞台"上每个影片剪辑的播放头移至第 1 帧并开始播放。

3. 选择菜单"控制" > "测试影片" > "在 Flash Professional 中"以预览该影片。

单击 4 个区域中的任意一个，再单击加载内容即可返回主影片。

返回主影片后，4 个影片剪辑都将开始播放嵌套的动画，如图 8.19 所示。

图8.19

管理重叠内容

在本课中，只有一个 ProLoader 对象用于加载和显示某个覆盖整个舞台的外部 SWF。但是，如果有时使用多个 ProLoader 对象来加载几个不同的外部文件或图像时，常常需要管理重叠的内容。

如何在不同的重叠内容之间切换，这取决于他们在显示列表中的深度等级。显示列表是一个组织所有可见内容的列表，使用索引号（从 0 开始）来管理可见项目的顺序。位于列表上方的项目就会遮盖住列表下方的项目。

如以下示例中有两个 ProLoader 对象，分别加载一幅不同的 JPG 图像：

```
import fl.display.ProLoader;
var myProLoader1:ProLoader=new ProLoader();
var myProLoader2:ProLoader=new ProLoader();
var myURL1:URLRequest=new URLRequest("dog.jpg");
var myURL2:URLRequest=new URLRequest("cat.jpg");
myProLoader1.load(myURL1);
myProLoader2.load(myURL2);
addChild(myProLoader1);
addChild(myProLoader2);
```

Flash 先添加 myProLoader1，后添加 myProLoader2，所以 myProLoader2 加载的内容出现在 myProLoader1 上方，即 cat.jpg 遮盖住了 dog.jpg 图像。而 myProLoader1 的索引号为 0，myProLoader2 的索引号为 1。

如果要调换两个 ProLoader 对象的重叠顺序，有多种方法。可以使用 addChildAt() 命令，括号里要有两个自变量。第一个变量是要放置的对象，第二个是对应在显示列表中的索引号。将猫的图像换到狗的图像下方，可以使用以下代码：

```
addChildAt(myProLoader2,0);
```

　　该语句添加了**myProLoader2**对象（显示猫图像），索引号为0，位于显示列表的最底部。**myProLoader1**对象的索引号就会升为1，以匹配整个列表。如果该对象名称已经存在于显示列表中，可使用以下命令：

```
setChildIndex(myProLoader2,0);
```

　　另一种替换两个对象堆叠顺序的方法是使用**swapChildren()**。两对象作为自变量，Flash就会在显示列表中调换它们的顺序。如**swapChildren(myProLoader1**和**myProLoader2)**就会调换狗图像和猫图像的堆叠顺序。

　　可以参考关于**DisplayObjectContainer**对象的在线**Adobe ActionScript 3.0**的说明，来学习各种在显示列表中管理重叠对象的方法。

8.5 复习

复习题

1. 如何加载外部的 Flash 内容？

2. 加载外部 Flash 内容有哪些优点？

3. 如何控制一个影片剪辑实例的时间轴？

4. 如何管理添加到"舞台"上的那些对象的堆叠顺序？

复习题答案

1. 可以使用 ActionScript 代码来加载外部 Flash 内容。需要创建两个对象：ProLoader 和 URLRequest。URLRequest 对象指定需要加载的 SWF 文件的文件名称和文件位置。要加载文件，可以使用 load() 命令来将 URLRequest 对象加载到 ProLoader 对象中。然后使用 addChild() 命令在"舞台"上显示 ProLoader 对象。

2. 加载外部内容可以将整个工程项目管理为各个模块，以防工程变得巨大。还能更容易地编辑它，因为这样可以编辑每个单独的区域，而不是整个庞大的项目文件。

3. 可以首先着眼于实例名称，再利用 ActionScript 代码来控制影片剪辑的"时间轴"。在实例名称后面，输入一个句号（.），然后输入需要的命令即可。可使用在第 6 课所学的基本导航命令（gotoAndStop，gotoAndPlay，stop 和 play）来导航影片剪辑的"时间轴"。Flash 将把那个特定的影片剪辑作为目标，移动它对应的"时间轴"。

4. 可使用"舞台"上的对象在显示列表中对应的索引编号来管理它们的堆叠顺序。在使用 addChild() 命令将对象添加到"舞台"上时，就会自动被指定一个索引号。在显示列表中索引号大的对象，就会位于索引号较小的对象上方。另外，还可使用 setChildIndex() 或 addChildAt() 来修改对象在显示列表中的顺序，也可以使用 swapChildren() 命令来对换两个对象的顺序。

第9课 使用变量和控制可见属性

课程概述

在这一课中，将学习如何执行以下任务：
- 使用 ActionScript 代码修改影片剪辑实例的外观
- 理解一个对象的注册点和坐标系统
- 处理高级鼠标事件
- 创建并使用变量来保存信息
- 理解数据类型
- 在输出面板中显示信息
- 定位光标
- 隐藏鼠标的光标
- 使用自定义图标来替换光标

 完成本课的学习大约需要 90 分钟，请从光盘中将文件夹 Lesson09 复制到硬盘中。

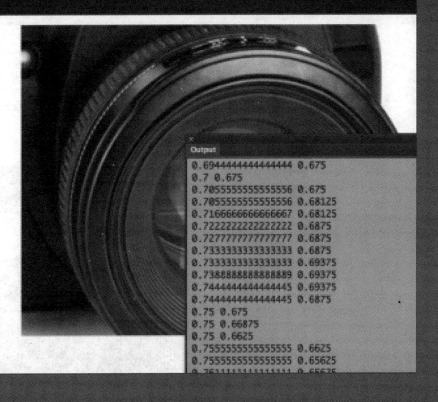

ZONNY DIGITAL SINGLE LENS REFLEX CAMERA
16 MEGAPIXELS WITH 18-55MM KARL ZEISS ZOOM LENS

Product Features
Brand Name: Zonny
Model: XLS66-OLV
Optical Resolution: 16 MP
1080/60i Full AVCHD movies

What's in the Box
Digital SLR body
Shoulder Strap
Battery Charger (BK-VS1)
Body Cap
Rechargable Battery (NP-FV00)
USB Cable

Product Details
Product Dimensions: 6.2 x 7.9 x
8.2 inches ; 2 pounds
Shipping Weight: 4 pounds

```
Output
0.6944444444444444 0.675
0.7 0.675
0.7055555555555556 0.675
0.7055555555555556 0.68125
0.7166666666666667 0.68125
0.7222222222222222 0.6875
0.7277777777777777 0.6875
0.7333333333333333 0.6875
0.7333333333333333 0.69375
0.7388888888888889 0.69375
0.7444444444444445 0.69375
0.7444444444444445 0.6875
0.75 0.675
0.75 0.66875
0.75 0.6625
0.7555555555555555 0.6625
0.7555555555555555 0.65625
0.75111111111111111 0.65625
```

在影片播放时，使用 ActionScript 代码来控制"舞台"上的图像。
使用变量结合复杂的鼠标互动动作，来为用户创建动态响应的界面，
让整个网页更加有魅力。

9.1 开始

查看本课完成的最终影片。本课将会创建一幅大图,来显示一幅较小的缩览图更多的细节信息,就像亚马逊网站上可以显示大图的商品图一样。

1. 双击 Lesson09/09End 文件夹中的 09End.html 文件,以观察最终影片,如图 9.1 所示。

图9.1

2. 让光标经过相机图像,如图 9.2 所示。

图9.2

此时"舞台"上就出现了一张大图。当光标经过缩览图时,就可以看到这个相机不同部分的细节信息了。

而光标也变为了放大镜图标。

3. 将光标从相机图像上移开。

大图将消失,而光标也变回默认的箭头形状。

在本课中，将会添加 ActionScript 代码以创建良好的交互性，而所有内容如图像、文本和队列等其他图形都已位于库面板中，为项目准备妥当。

在之前的课程中，已经学习了如何创建事件侦听器来检测鼠标单击事件。在本课中，将会学习更多有关鼠标的互动性动作，如鼠标经过对象时、鼠标从对象上移开时及鼠标到处移动时的各种动作。可以将这些事件与"舞台"上图形的外观变化关联起来，以便即时改变可见属性。

1. 关闭 09End.html 文件。

2. 在 Lesson09/09Start 文件夹中打开 09Start.fla 初始文件。

3. 选择菜单"文件" > "另存为"。将文件命名为 09_workingcopy.fla，保存在 09Start 文件夹中。保存备份，以便可以在需要时从头开始处理原始文件。

9.2 理解工程文件

工程最初的设置已经完成。"舞台"为 800 像素 × 600 像素，颜色为白色。顶栏和文本已经放置在"舞台"上的 banner 图层中，如图 9.3 所示。

所有文本和图像文件都已经导入到库面板中，并将内容转换为了影片剪辑元件，如图 9.4 所示。

图9.3

图9.4

9.2.1 设置文本和图形

下面，将会把相机的缩览图和概况信息放在左侧。详细的文本信息则放在"舞台"中央。

1. 创建一个新图层，命名为 thumbnail，如图 9.5 所示。

2. 将 image_thumnail 影片剪辑元件从库面板中拖至"舞台"中央。

图9.5

3. 在"属性"检查器中，将实例的 x 值设为 25，y 值设为 115。将其放在左上角，banner 图形的下方，如图 9.6 所示。

4. 创建一个名为 text summary 的新图层，将 text_summary 影片剪辑元件从库面板中拖至"舞台"上。

5. 在"属性"检查器中，将实例的 x 值设为 25，y 值设为 290。将其放在相机缩览图的下方，如图 9.7 所示。

图9.6   图9.7

6. 创建一个名为 text detail 的新图层，将 text_detail 影片剪辑元件从库面板中拖至"舞台"上。

7. 在"属性"检查器中，将实例的 x 值设为 225，y 值设为 115，将其放在相机缩览图的右侧，如图 9.8 所示。

现在，时间轴上有 4 个图层，每个图层都包含了一个独立的影片剪辑，如图 9.9 所示。

图9.8   图9.9

9.2.2 创建相机细节的遮罩

相机的大图是在一个遮罩下显示近景细节的，即只有大图的一部分矩形区域显示出来。

1. 创建一个名为 mask 的新图层，如图 9.10 所示。

2. 选择矩形工具，任选一个填色，笔触设为"无"。

3. 在"舞台"的 mask 图层创建一个矩形。

图9.10

4. 在"属性"检查器中，将矩形修改为 550 像素 × 450 像素，并将其放在 x=225，y=115 的位置，如图 9.11 所示。

该矩形区域将显示相机大图的某个矩形区域。

5. 双击图层名称左侧的图标,或选中 mask 图层后,选择菜单"修改">"时间轴">"图层属性",将出现"图层属性"对话框。

6. 选中"遮罩层"选项,然后单击"确定"按钮,如图 9.12 所示。

图9.11

图9.12

这样,mask 图层就会变成遮罩层,如图 9.13 所示。

7. 创建名为 large image 的新图层。

8. 将 large image 图层拖至 mask 图层下方,如图 9.14 所示。

这样,large image 图层就会成为被遮罩层。在这一图层中的任何内容都会被遮罩层中的矩形所遮罩。

图9.13

图9.14

9. 将 image_big 影片剪辑元件从库面板中拖至"舞台"的 large image 图层。

10. 在"属性"检查器中,将 image_big 影片剪辑实例放置在遮罩层的 x=225,y=115 处、与矩形位置相同,如图 9.15 所示。

11. 锁定遮罩层和被遮罩层,以观察遮罩的效果,如图 9.16 所示。

图9.15

图9.16

Flash 将会使用该矩形遮罩相机大图，如图 9.17 所示。

图9.17

12. 如有需要，可重新调整各图层的顺序，使得包含有文本的 text_detail 图层位于遮罩 - 被遮罩图层组。

被遮罩的相机图像覆盖住了文本。在本课中，将会让被遮罩图像动态可见或不可见，而这取决于用户对小缩览图的鼠标互动动作。

9.3 影片剪辑的可见属性

在之前的课程中，已经学习了如何在不修改库面板中的实际影片剪辑的情况下，修改影片剪辑实例的外观。如使用自由变换工具或变换面板来制作旋转，修改对象的宽度或高度。还可以使用"属性"检查器中的颜色效果选项修改对象的不透明度。

另外，还可以直接使用 ActionScript 代码来完成同样的修改，即使用代码来修改对象的宽度、高度、旋转角度、透明度以及其他可见属性，还可以修改影片剪辑实例的外观以实现动态响应，以便创建更身临其境、互动性更高的网站环境。

要使用 ActionScript 代码修改影片剪辑实例的外观，首先需要输入目标对象的名称，然后键入一个句号（.）和属性名称，然后是一个等号（=）。等号右侧，输入一个数值，等号会将该数值赋予对应属性。比如：

```
thumbnail.rotation=45;
```

在这一语句中，名为 thumbnail 的对象是目标对象，rotation 属性赋值为 45。所以，Flash 将会把 thumbnail 对象顺时针旋转 45°。在 ActionScript 中构建词库时，就可以学习到每种对象的属性和数据类型。有些属性的数字数据是度数，有些属性的数字数据则是像素，有些属性的字符串值（字符）是名称，还有些使用布尔逻辑值（true 或 false）。

以下是一个影片剪辑基本属性的列表，以及对应的数据类型。

影片剪辑的基本属性	
x	水平位置，单位是像素（数字数据类型）
y	垂直位置，单位是像素（数字数据类型）
rotation	角度，从垂直开始顺时针方向（数字数据类型）
Alpha	透明度，从 0（完全透明）到 1（完全不透明）（数字数据类型）
width	宽度，单位是像素（数字数据类型）Width, in pixels (Number data)
height	高度，单位是像素（数字数据类型）Height, in pixels (Number data)
scaleX	原始影片剪辑水平缩放比例，1=100%（数字数据类型）
scaleY	原始影片剪辑垂直缩放比例，1=100%（数字数据类型）
visible	可见属性，false= 不可见，true= 可见（布尔数据类型）
name	实例名称（字符串数据类型）

 注意：有些属性是"只读"的，只能看到它们的值，而无法对其指定新值。如影片剪辑属性currentFrame是只读的，它指出影片剪辑的播放头当前所在的帧编号，但是无法对该属性制定一个新值。要使用ActionScript修改currentFrame属性的数值，可以使用gotoAndStop()命令来将播放头移动到"时间轴"的新位置上。

9.3.1　命名影片剪辑实例

在使用代码修改影片剪辑实例的外观之前，需要提供该实例的名称。

1. 解锁被遮罩层（仍锁定遮罩层），在"舞台"上选中相机大图。

2. 在"属性"检查器中，将实例命名为 largeimage，如图 9.18 所示。

现在，Flash 就可以通过实例名称来引用相机的大图，修改它的各个属性值。

图9.18

9.3.2　使大图不可见

下面，首先要在工程最初启动时隐藏相机的大图，仅当光标经过该缩览图时，才显示相机的细节图。

要隐藏相机的大图，需要先修改它的可见属性。可见属性决定了该对象是否可见。指定 false 值，即可使该对象不可见；指定 true 值即可使该对象可见。

 注意：指定false值的可见属性与Alpha为0尽管看起来是一样的，但实际并不相同。如果对象的可见属性为false，用户就无法通过使用鼠标来完成互动动作。如果对象的Alpha属性为0，那么它只是透明的，用户仍可以通过使用鼠标完成与该对象的互动。

1. 创建名为 actions 的新图层，如图 9.19 所示。

2. 选中 actions 图层上的第 1 帧，然后打开动作面板。

3. 如图 9.20 所示，输入以下语句：

```
largeimage.visible=false;
```

这样，Flash 就会让 largeimage 对象不可见。

图9.19

图9.20

4. 通过选择菜单"控制" > "测试影片" > "在 Flash Professional 中"来测试影片，如图 9.21 所示。

图9.21

相机的大图位于 mask 下层，在 Flash 编辑环境中是可见的，但在 SWF 文件中不可见。

9.4 鼠标单击事件之外的其他事件

之前已经学习了添加事件侦听器以检测是否有鼠标经过按钮。但是，有些复杂的互动包含了很多事件，每个事件都可能会激发不同的函数。

在本节中，将会添加鼠标经过事件、鼠标撤出事件的事件侦听器。当鼠标经过某个对象时，将会触发鼠标经过事件；当鼠标从某个对象上经过后移出时，将会触发鼠标撤出事件。

9.4.1 为鼠标经过和鼠标撤出添加事件侦听器

可以为缩览图添加鼠标经过事件，以显示相机的大图像；然后再为缩览图添加鼠标撤出事件，以隐藏该大图像。

1. 在"舞台"上选中相机的缩览图，然后在"属性"检查器中将实例名称设为 thumbnail，如图 9.22 所示。

2. 选中 actions 图层的第 1 个关键帧，然后打开动作面板。

3. 如图 9.23 所示，在代码的下一行，输入：

```
thumbnail.addEventListener(MouseEvent.MOUSE_OVER,showlarge);
```

MouseEvent.MOUSE_OVER 是鼠标经过事件的关键词。当检测到鼠标经过事件时，Flash 就会执行名为 showlarge 的函数（此时还没有编写该函数）。

图9.22

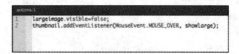

图9.23

4. 如图 9.24 所示，在代码的下一行中，输入：

```
thumbnail.addEventListener(MouseEvent.
MOUSE_OUT, hidelarge);
```

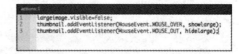

图9.24

MouseEvent.MOUSE_OUT 是鼠标撤出事件的关键词。当检测到鼠标撤出事件时，Flash 就会执行名为 hidelarge 的函数（此时还没有编写该函数）。

9.4.2　显示和隐藏大图

下面，将要添加 showlarge 和 hidelarge 函数。

1. 如图 9.25 所示，在动作面板中代码的下一行中，输入：

```
function showlarge(e:MouseEvent):void{
 largeimage.visible=true;
}
```

该 showlarge 函数只做一件事情：让 largeimage 对象成为可见状态。

2. 如图 9.26 所示，在代码的下一行，输入另一个函数：

```
function hidelarge(e:MouseEvent):void{
 largeimage.visible=false;
}
```

图9.25

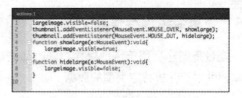

图9.26

Hidelarge 函数也是只做一件事情：让名称为 largeimage 的对象成为不可见状态。

3. 选择菜单"控制"＞"测试影片"＞"在 Flash Professional 中"测试影片，如图 9.27 所示。

当光标经过缩览图时，将出现相机的大图像。从缩览图上移开时，大图像将会消失，显示出其下层的信息文本。

图9.27

9.5 将鼠标移动映射为不同的视觉状态

目前，已经编写了 Flash 代码，在光标经过缩览图时显示大图像，在光标撤出缩览图时隐藏大图像，但是此时仅能看到大图的左上角。在最终完成的工程中，大图将会根据鼠标在缩览图上的位置进行相对移动，下面实现这样的交互性。

这种交互性的本质就是讲一系列数值，将光标的位置映射为另一组数值，也就是大图像的位置，这是在许多不同的界面中都会非常有用的一种方法。如基本的音量控制器可以将一个滑块的位置映射为声音的音量等级，滚动栏将滚动滑块的位置映射为网页上文本的位置，Google 地图将放大滑块的位置与地图的缩放比例相关联。

对于本课实例，首先需要确定光标经过缩览图时的坐标。使用 mousex 和 mousey 属性以得到光标的 x 坐标和 y 坐标。

一旦获得光标的位置，就可以计算并将一系列值（光标的位置）转换为另一组数值（大图像的位置）。要使计算过程更加简单，可以使用变量来保存信息。下面，将会重点讲解变量。

9.6 使用变量保存信息

变量是创建后用于帮助保存、修改和测试信息的对象。可将变量简单地视为一个容器，它有名称，可用于存放特定类型的数据。

9.6.1 创建变量

要创建或"声明"一个变量，可使用关键词 var。下面，将使用变量来保存光标以及"舞台"上大图像的位置。

1. 选中 actions 图层的第 1 个关键帧，然后打开动作面板。

2. 如图 9.28 所示，在动作面板的第一行添加以下语句：

```
var xpos:Number
var ypos:Number
```

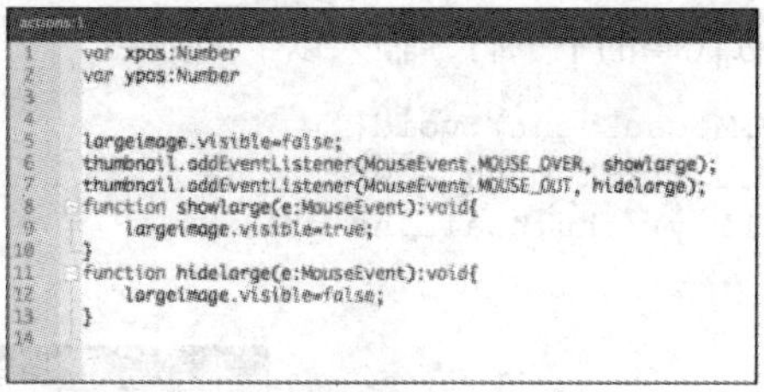

图9.28

第一个语句创建了一个名为 *xpos* 的变量。变量名称之后的冒号是必须的，随后的单词则指出了变量保存的数据类型。在这一例子中，*xpos* 保存了 Number 类型的数据。

第二个语句创建了名为 *ypos* 的另一个变量，同样保存 Number 类型的数据。

> **FL** **注意**：在ActionScript中，必须要在使用变量前进行声明。

数据类型

声明变量时，ActionScript 3.0需要严格约束变量的类型。这说明需要通过ActionScript代码指出变量要保存的数据类型，这是不能混淆的。如创建了保存Number类型数据的变量，就无法将字符（String类型的数据）指定给该变量。

数据类型有很多种，基本的数据类型有Number、String和Boolean。

- Number 数据：包括所有类型的数字，如负数、正数或小数。另外，还有许多特殊的数字类型，如 int（整数）以及 uint（无符号整数）。
- String 数据：包括任意序列的字符，如密码、网址等。字符数据都用引号包括。
- Boolean 数据：不是 true 就是 false，单词外并不需要引号。

9.6.2 为变量指定数值

使用等号（=）可以将数值指定给变量。这说明可将信息保存在变量中，以备后用。下面，将要使用 *xpos* 和 *ypos* 变量来存储光标经过缩览图时的坐标。

光标的位置位于属性 mouse*x* 和 mouse*y* 中。由于需要捕获光标的最新坐标，所以必须在用户移动鼠标时，即时获取其信息。可以使用 MOUSE_MOVE 事件来检测光标是否移动。

1. 如图 9.29 所示，在之前已输入的事件侦听器语句之后，输入以下事件侦听器：

```
thumbnail.addEventListener(MouseEvent.MOUSE_MOVE, showbigger);
```

该语句可以侦听光标在相机缩览图上的任何移动。只要光标移动，Flash就会触发showbigger函数。下面，将要编写 showbigger 函数。

2. 如图 9.30 所示，在所有代码的下一行，输入以下函数：

```
function showbigger(e:MouseEvent):void{
 xpos=(mouseX-thumbnail.x)/thumbnail.width;
 ypos=(mouseY-thumbnail.y)/thumbnail.height;
}
```

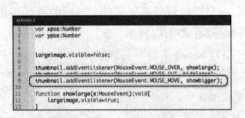

图9.29

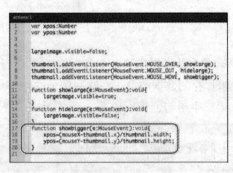

图9.30

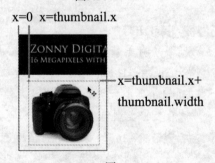

图9.31

该函数将从属性 mouse*x* 和 mouse*y* 中提取信息，并放入 *x*pos 和 *y*pos 变量，以便将变量与缩览图的位置相关联。图 9.31 是具体细节。

光标经过缩览图时，它的 *x* 坐标范围是从左边界到图像的右边界。而对应缩览图的坐标左边界是 thumbnail.x，右边界是 thumbnail.x+thumbnail.width。

通过 thumbnail.x 和 thumbnail.x+thumbnail.width，可以知道光标沿缩览图时所移动的距离（将其对应到从 0 ~ 1）。

9.6.3　在输出面板中跟踪变量

当 Flash 处于测试影片模式时，trace() 语句可以帮助向输出面板发送信息。可以在需要根据变量的当前值来创建警告或其他信息时，在代码中插入该语句，并在括号内加入要跟踪的表达式。

1. 在 showbigger 函数中，添加 trace() 语句，以便在测试影片时向输出面板发送信息，如图 9.32 所示。

```
trace(xpos, ypos);
```

2. 选择菜单"控制" > "测试影片" > "在 Flash Professional 中"，在缩览图上移动光标，如图 9.33 所示。

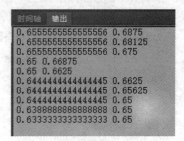

```
17  □function showbigger(e:MouseEvent):void{
18      xpos=(mouseX-thumbnail.x)/thumbnail.width;
19      ypos=(mouseY-thumbnail.y)/thumbnail.height;
20      trace(xpos, ypos);
21  }
22
```

图9.32

图9.33

光标在缩览图上移动时，输出面板将显示 *xpos* 和 *ypos* 变量的数值。注意 *xpos* 的数值（一行中的第一个值），光标在缩览图最左侧时是 0，最右侧时是 1。注意 *ypos* 的数值（一行中的第二个值），光标在缩览图顶部时是 0，底部时是 1。

9.6.4 为大图像的位置创建更多的变量

xpos 和 *ypos* 变量保存的是光标在缩览图上的位置信息。下面，将要使用该信息成比例地定位在遮罩层下的大图像。如果光标位于缩览图水平中间的位置，那么就要在遮罩层下定位大图像的水平居中位置。

下面，需要创建变量来确定可以定位大图像的 *x* 值和 *y* 值。遮罩层的位置是大图像位置的参考点，所以将遮罩转换为影片剪辑，以便更容易地获取它的 *x* 坐标和 *y* 坐标、宽度和高度。

1. 解锁 mask 图层。

2. 选中 mask 图层中的矩形遮罩。

3. 选择菜单"修改" > "转换为元件"，或直接按 F8 键。

此时，将出现"转换为元件"对话框。

4. 将该元件命名为 mask，"类型"则选择"影片剪辑"。确保元件的注册点位于左上角后，单击"确定"按钮，如图 9.34 所示。

此时，Flash 会将遮罩转化为影片剪辑，如图 9.35 所示。

图9.34

图9.35

5. 在"属性"检查器中，将实例名称设为 mymask，如图 9.36 所示。

6. 在 actions 图层上选中第 1 个关键帧，然后打开动作面板。

7. 如图 9.37 所示，在声明了 *xpos* 和 *ypos* 变量之后，输入以下代码：

```
var xmax:Number
var xmin:Number
var ymax:Number
var ymin:Number
var xrange:Number
var yrange:Number
```

图9.36

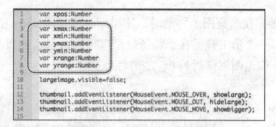

图9.37

这段代码创建了 6 个 Number 数据类型的变量。

8. 如图 9.38 所示，另起一行，添加以下代码：

```
xmax = mymask.x;
xmin = mymask.x+mymask.width-largeimage.
width;
xrange = xmax-xmin;
```

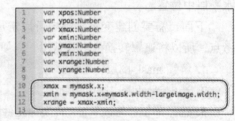

图9.38

这段代码限制了遮罩层下大图的坐标范围。第一行说明了大图的最大 *x* 值，以便大图的左侧边缘不会超过"舞台"上的遮罩层的左边缘。类似地，第二行代码说明了大图的最小 *x* 值。而该 *xrange* 变量则保存了 *x* 值的可用值范围，如图 9.39 和图 9.40 所示。

图9.39　小图的最大*x*值

图9.40　大图的最小*x*值

9. 如图 9.41 所示，现在添加以下代码：

```
ymax=mymask.y;
ymin=mymask.y+mymask.height-largeimage.height;
yrange=ymax-ymin;
```

这段代码限制了遮罩层下大图的 y 坐标范围，它的逻辑思路和 x 值范围是一致的。

```
1    var xpos:Number
2    var ypos:Number
3    var xmax:Number
4    var xmin:Number
5    var ymax:Number
6    var ymin:Number
7    var xrange:Number
8    var yrange:Number
9
10   xmax = mymask.x;
11   xmin = mymask.x+mymask.width-largeimage.width;
12   xrange = xmax-xmin;
13
14   ymax=mymask.y;
15   ymin=mymask.y+mymask.height-largeimage.height;
16   yrange=ymax-ymin;
17
```

图9.41

9.7 修改大图的坐标

这项交互性设计的最后一部分，就是把新的 x 值和 y 值赋予坐标以修改其坐标。

1. 如图 9.42 所示，在动作面板中，向 showbigger 函数中添加以下代码：

```
largeimage.x=mymask.x-(xpos*xrange);
largeimage.y=mymask.y-(ypos*yrange);
```

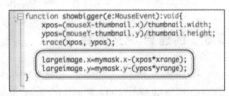

```
function showbigger(e:MouseEvent):void{
    xpos=(mouseX-thumbnail.x)/thumbnail.width;
    ypos=(mouseY-thumbnail.y)/thumbnail.height;
    trace(xpos, ypos);

    largeimage.x=mymask.x-(xpos*xrange);
    largeimage.y=mymask.y-(ypos*yrange);
}
```

图9.42

相机大图水平坐标起始于遮罩层的左边缘，但是需要抽取它整个水平范围，以便在需要时获得大图的具体坐标。

类似的，大图的垂直坐标也取决于变量 $ypos$，它会测量缩览图上光标的垂直坐标，类似于成比例放大，最终显示大图的相应部分。

2. 选择菜单"控制">"测试影片">"在 Flash Professional 中"。在缩览图上移动光标，如图 9.43 所示。

图9.43

在缩览图上移动光标时，遮罩层下的大图也会成比例地移动。光标移动到缩览图的左侧边缘时，Flash 将会显示大图的最左侧边缘。而光标移动到缩览图的最右侧边缘时，Flash 也将会显示大图的最右侧边缘。

这样，通过使用变量及更复杂的鼠标事件和影片剪辑属性，就成功地在用户和"舞台"上的图像之间创建出了令人身临其境的动态交互设计。这其中的数学计算很简单，只需基本的加减乘除，就可设计出简单的界面。

对象的注册点和坐标空间

通过计算可以放置各种对象，但是需要关注坐标空间和对象的注册点（可作为参照）。

创建影片剪辑元件时，可选择注册点的位置。通常情况下，将其设在对象的中心或左上角。

所有的测量值，如x值和y值，都是相对于注册点而言的。所有的变换，如旋转或缩放，也都是相对于注册点而言。

"舞台"的注册点位于它的左上角。因此，向右x值会增加，向下y值也会增加。

9.8 创建自定义光标

缩览图上移动光标时，光标仍是一个箭头。但是，如果将光标转换为一个放大镜图标，在使用时会更有效果。如在 Flash 的工具面板中使用不同工具时，光标将会改变形状，以便更好地引导用户记住当前选中工具的功能。

9.8.1 让自定义图标跟随光标

创建了放大镜自定义图标后，将作为影片剪辑元件存放在库面板中。下面，将把 mousex 值指定给自定义图标的 x 属性、把 mousey 值指定给自定义图标的 y 属性，以便将图标放与光标相同的位置。

1. 创建新图层，命名为 custom icon，如图 9.44 所示。
2. 将名为 cursor 的影片剪辑元件从库面板中拖至"舞台"，如图 9.45 所示。

图9.45

图9.44

3. 在"属性"检查器中，将该影片剪辑实例命名为 cursor，如图 9.46 所示。

4. 选中 actions 图层的第 1 个关键帧，打开动作面板。

5. 如图 9.47 所示，在 showbigger 函数中，添加以下语句：

```
cursor.x=mouseX;
cursor.y=mouseY;
```

图9.46

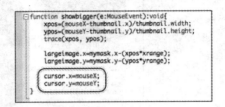

图9.47

当光标在缩览图上移动时，Flash 将会把光标的 x 和 y 坐标指定给放大镜图标的 x 和 y 坐标。下面，需要隐藏、显示放大镜图标，以便只当光标经过缩览图时显示出来。

6. 如图 9.48 所示，在代码块的顶部，添加以下语句：

```
cursor.visible=false;
```

该语句使得放大镜图标在工程最初不可见。

图9.48

7. 如图 9.49 所示，在 showlarge 函数内部，添加以下语句：

```
cursor.visible=true;
```

该语句使得光标经过缩览图图像时，放大镜图标呈可见状态。

8. 如图 9.50 所示，在 hidelarge 函数内部，添加以下语句：

```
cursor.visible=false;
```

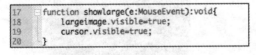

图9.49

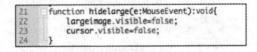

图9.50

该语句使得光标从缩览图上撤离时，放大镜图标呈不可见状态。

9. 选择菜单"控制" > "测试影片" > "在 Flash Professional 中"，如图 9.51 所示。然后在缩览图上移动光标。

图9.51

此时，放大镜图标一直跟随着光标，当光标从缩览图上撤离时，放大镜图标将不再显示。

9.8.2 隐藏和显示光标

此时，Flash 仍然显示默认的光标，所以需要在光标经过缩览图时隐藏它，光标撤离缩览图时再次显示它。可通过使用 Mouse.hide() 和 Mouse.show() 命令来控制默认的光标的可见性。

1. 在 showlarge 函数内部，添加以下语句：

```
Mouse.hide();
```

该语句将会隐藏默认的光标。

2. 在 hidelarge 函数内部，添加以下语句：

```
Mouse.show ();
```

该语句将显示默认的光标，如图 9.52 所示。

3. 选择菜单"控制" > "测试影片" > "在 Flash Professional 中"。将光标移至缩览图，再将光标从缩览图上移开，如图 9.53 所示。

```
17  function showlarge(e:MouseEvent):void{
18      largeimage.visible=true;
19      cursor.visible=true;
20      Mouse.hide();
21  }
22  function hidelarge(e:MouseEvent):void{
23      largeimage.visible=false;
24      cursor.visible=false;
25      Mouse.show();
26  }
```

图9.52

图9.53

光标经过缩览图时，默认的光标将消失，代替它的是自定义放大镜图标。光标从缩览图上撤离时，默认光标再次出现，放大镜图标不再显示。

注意：此时，Mac系统上的Flash Player会出现一个问题，无法立刻或可靠地使用显示Mouse.show()命令来显示光标，在Windows系统中则不会出现这种现象，之后的Flash Player更新版本将会致力于解决这个问题。

9.8.3 取消图标的输入属性

到这一步，交互性设计还有一点问题需要处理。可以注意到，在缩览图上快速移动光标时，相机的大图将会出现闪烁现象。光标移动速度过快时，放大镜图就会滞后，甚至和光标（此时不可见）相互交叉。这样 Flash 就会触发鼠标撤出事件，因为在光标与放大镜图标交叉时，会检测到光标已经移出缩览图。

要防止放大镜图标与鼠标事件相交叉，可以将 mouseEnabled 属性设置为 false，取消接受交互性输入的能力。

1. 在动作面板代码块的顶部，添加以下语句：

```
cursor.mouseEnabled=false;
```

该语句将会取消光标接受鼠标事件的能力，完整的代码如图 9.54 所示。

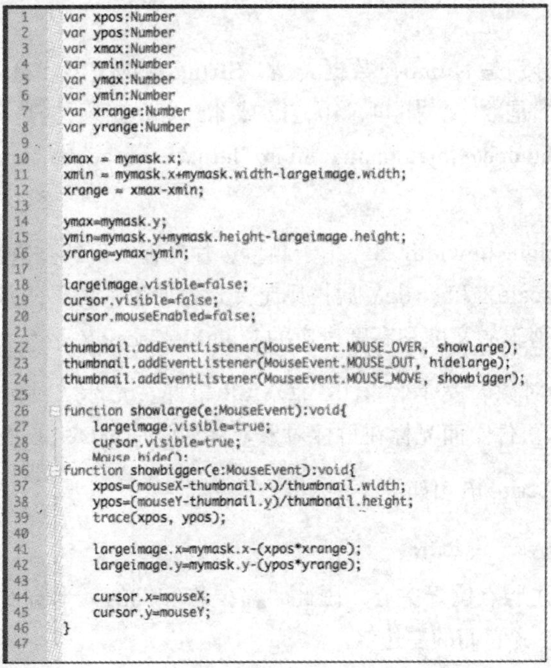

```
1   var xpos:Number
2   var ypos:Number
3   var xmax:Number
4   var xmin:Number
5   var ymax:Number
6   var ymin:Number
7   var xrange:Number
8   var yrange:Number

10  xmax = mymask.x;
11  xmin = mymask.x+mymask.width-largeimage.width;
12  xrange = xmax-xmin;
13
14  ymax=mymask.y;
15  ymin=mymask.y+mymask.height-largeimage.height;
16  yrange=ymax-ymin;
17
18  largeimage.visible=false;
19  cursor.visible=false;
20  cursor.mouseEnabled=false;

22  thumbnail.addEventListener(MouseEvent.MOUSE_OVER, showlarge);
23  thumbnail.addEventListener(MouseEvent.MOUSE_OUT, hidelarge);
24  thumbnail.addEventListener(MouseEvent.MOUSE_MOVE, showbigger);

26  function showlarge(e:MouseEvent):void{
27      largeimage.visible=true;
28      cursor.visible=true;
29      Mouse.hide();
36  function showbigger(e:MouseEvent):void{
37      xpos=(mouseX-thumbnail.x)/thumbnail.width;
38      ypos=(mouseY-thumbnail.y)/thumbnail.height;
39      trace(xpos, ypos);
40
41      largeimage.x=mymask.x-(xpos*xrange);
42      largeimage.y=mymask.y-(ypos*yrange);
43
44      cursor.x=mouseX;
45      cursor.y=mouseY;
46  }
47
```

图9.54

2. 选择菜单"控制" > "测试影片" > "在 Flash Professional 中"。试着将光标在缩览图上进行经过和撤离动作。

这样，光标在缩览图上的移动就会十分顺畅，相机设置为大图使用户可以仔细地查看相机的各个细节。

9.9 复习

复习题

1. 3 种不同的数据类型分别是什么？请一一举例说明。

2. 影片剪辑的两组 height 与 width 属性、scaleX 与 scaleY 属性之间有何不同？

3. 请解释 MOUSE_OVER、MOUSE_OUT 和 MOUSE_MOVE 鼠标事件之间有什么不同。

4. 某个影片剪辑元件的注册点是它的中心点。这时希望动态放置一个影片剪辑实例，使它的左边缘与舞台的左边缘对齐。如果影片剪辑实例的名称是 mymc，那么需要如何编写 ActionScript 代码以实现该功能？

复习题答案

1. 3 种不同类型分别是 Number 数据类型、String 数据类型和 Boolean 数据类型。Number 类型都是数字，如 -4、10、12 或 4.5。String 数据是在引号内的字符，如 "hello"、john.doe@mydomain.com 或 "http://www.adobe.com"。Boolean 数据是 true 或 false。

2. 影片剪辑的 height 和 width 属性用于测量影片剪辑实例的垂直范围和水平范围，单位是像素。scaleX 和 scaleY 属性则是测量原始影片剪辑的垂直比例或水平比例。原始影片剪辑的宽度和高度对应的 scaleX 或 scaleY 是 1，也就是 100%。

3. 光标经过目标对象时就是 MOUSE_OVER 事件。光标从目标对象上撤离就是 MOUSE_OUT 事件。而光标在目标对象上移动就是 MOUSE_MOVE 事件。

4. 正确的 ActionScript 语句如下：

```
mymc.x=.5*mymc.width;
```

由于影片剪辑的注册点位于中心，因此，需要将实例的一半宽度移到"舞台"左边缘的右侧，以对齐它们的左边缘。

第10课 发布到HTML5

课程概述

在这一课中，将学习如何执行以下任务：
- 理解 Toolkit for CreateJS 插件的功能
- 创建和编辑传统补间
- 根据实例学习如何更好地创建图层和命名对象
- 识别不支持的功能
- 在浏览器中预览 HTML5 动画
- 在 Flash 的 "时间轴" 中插入 JavaScript
- 修改发布设置
- 理解输出文件

　　完成本课的学习大约需要 60 分钟，请从光盘中将文件夹 Lesson10 复制到硬盘中。

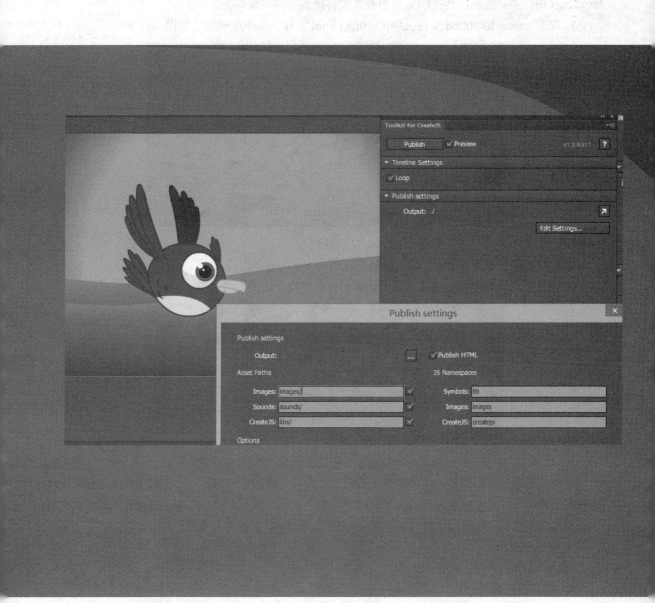

　　使用 Toolkit for CreateJS 插件可将 Flash 图像和动画资源发布到
HTML5 和 JavaScript 中。Toolkit for CreateJS 扩展插件为设计人员和
开发人员之间创建了一个无缝的集成工作流。

10.1　开始

查看本课完成的最终影片，观察在 Flash Professional 中的动画资源如何转换到 HTML5 和 JavaScript 中，在桌面的个性化浏览器中查看或转换到手机等设备上。

1. 双击 Lesson10/10End 文件夹中的 10End.html 文件，以播放动画，如图 10.1 所示。

图10.1

该工程是一个动画小鸟在无尽的风景滚动图上飞翔的简单动画。

2. 用鼠标右键单击或按 Ctrl 键单击动画的任意部位，如图 10.2 所示。

图10.2

从出现的菜单可以得知，该动画是 HTML5 的内容，而不是 Flash。在 Flash Professional 中创建的图像和动画，已经发布为 HTML 和 JavaScript，以便在没有 Flash Player 时回放。该动画也可以在桌面的浏览器、平板或手机设备（如 iPhone 或 Android 手机）上播放。

3. 在动画上单击。

此时，小鸟张开嘴，并出现一个有文字的对话气泡。

4. 退出浏览器。

5. 双击 Lesson10/10Start 文件夹中的 10Start.fla 初始文件，以在 Flash 中打开它，如图 10.3 所示。

此时的 Flash 初始文件已经包含了小鸟动画的各种所需资源，动画也完成了一部分，小鸟动画的影片剪辑实例也已位于"舞台"上。在本课中，将会添加小鸟尾巴的动画，使用传统补间添加滚

图10.3

动背景，使用 JavaScript 添加一些简单的交互设计，最后将动画作为 HTML 内容发布。

  6. 选择菜单"文件">"另存为"。将文件命名为 10_workingcopy.fla，保存在 10Start 文件夹中。保存备份，以便可以在需要时从头开始处理原始文件。

10.2 什么是 toolkit for CreateJS 插件？

toolkit for CreateJS 插件，最初是 Flash Professional 的一个可选扩展插件，可以将 Flash 发布为 HTML5 的内容。它既利用了 Flash 强大的动画和绘图工具能力，又可以多次播放动画内容，可以说是 Flash Player 和 HTML5 的结合。它通过使用一整套开放的源 JavaScript 库（EaselJS、TweenJS 和 SoundJS）来输出动画。

  • EaselJS 库，可以提供显示列表，以便在浏览器中处理画布上的对象。
  • TweenJS 库，提供动画功能。
  • SoundJS 库，提供在浏览器中播放音频的功能。

toolkit for CreateJS 插件创建了所有必须的 JavaScript 代码，以便在"舞台"上呈现图像、图标、元件、动画以及声音，还可以输出各种相互关联的资源（assets），如图像和声音，甚至还可以在动作面板中添加一些简单的关于"时间轴"的 JavaScript 命令，并作为 JavaScript 文件导出 Flash。

但是，toolkit for CreateJS 插件并不是可以通过一个简单的按钮就可以一应俱全地将所有 Flash 内容转换为 HTML5，它不是一个 ActionScript 到 JavaScript 的转换器。它通常在一个大型的工作流中使用，可以把 Flash 的资源输出到 JavaScript 这一步简单化，并为开发人员提供良好的 JavaScript 文件，以便继续为工程添加一些复杂的交互设计。

支持的功能

toolkit for CreateJS 并不能支持所有的 Flash Professional 功能。但是，它仍在不断努力完善，以便支持更多的 Flash 功能。

幸运的是，对于那些 Flash 文件中不被该插件支持的功能，输出面板会显示警告。

> FL 注意：可访问 Adobe 官方网站 http://www.adobe.com/cn/products/Flash/Flash-to-html5.html 查看 toolkit for CreateJS 插件的更新版本情况。

10.3 使用传统补间

toolkit for CreateJS 插件支持补间动画和补间形状，因此 Flash 可以将动画转换为逐帧的动画。而传统补间，是 Flash Professional 中用得比较久的一种创建动画的方法，它作为一种计时补间，可通过 JavaScript 保存文件的尺寸大小，还可以动态地控制动画。在本节中，将要使用传统补间来完成小鸟的动画效果。

传统补间是一种创建动画的老方法，它和补间动画非常相似，就像补间动画一样，传统补间使用的也是元件实例。两个关键帧之间的元件实例如果发生变化，可插入这种变化以创建动画。还可以修改实例的位置，将其旋转、缩放和变换，并对其使用色彩效果或滤镜效果。

传统补间和补间动画的关键不同之处如下所示。

- 传统补间需要一个独立的动作向导图层，以便沿着某个路径创建动画。
- 传统补间不支持 3D 旋转或变换。
- 传统补间的各个补间图层并不是相互独立的，但是传统补间和补间动画都受到了一样的限制，那就是其他的对象不能出现在同一个补间图层上。
- 传统补间是基于"时间轴"的，而不是基于对象的。这说明需要添加、移动或替换"时间轴"上的补间或实例，而不是对"舞台"上的补间或实例进行操作。

10.3.1　添加小鸟的尾部羽毛

小鸟的动画已经完成了一部分。下面，将要把尾部的羽毛制作成传统补间以完成小鸟的整个动画效果。

1. 双击"舞台"上小鸟的影片剪辑实例。

这时，Flash 将进入 bird_flight 影片剪辑元件的元件编辑模式。注意到"时间轴"上有几个已命名的图层，包含了小鸟身体的一些部位，每个图层都包含了传统补间，如图 10.4 所示。

第 1 个关键帧显示小鸟煽起了翅膀，中间的关键帧是小鸟收起了翅膀，而最后的关键帧则是小鸟再次煽起翅膀。这样，就完成了一个循环。

2. 选择菜单"控制" > "循环播放"以激活循环功能。

3. 选择菜单"控制" > "播放"，或直接单击"时间轴"底部的播放按钮。

此时，影片剪辑元件内部的动画开始播放。小鸟会上下煽动它的翅膀。

4. 停止回放。

5. 插入名为 tail_feathers 的新图层。将新图层拖至最底层，如图 10.5 所示。

图10.4

图10.5

6. 将名为 tail_feahters 的图形元件从库面板拖至"舞台"。在"属性"检查器中，将实例位置设为 *x*=23，*y*=350，如图 10.6 所示。

这样，Flash 就会在小鸟尾部显示尾巴的实例。

图10.6

10.3.2 插入关键帧

下面，要为小鸟的尾部羽毛另外添加两个关键帧，一个用于小鸟煽起翅膀，另一个则用在小鸟放下翅膀的时候。

1. 选中 tail_feathers 图层的第 7 帧，插入一个新的关键帧（或直接按 F6 键）。

2. 选中 tail_feathers 图层的第 14 帧，插入一个新的关键帧（或直接按 F6 键）。

图10.7

Flash 将会在第 7 帧和第 14 帧创建新的关键帧，每个关键帧中都有符号实例的副本，如图 10.7 所示。

10.3.3 修改尾部羽毛实例

下面，将要在位于中间的关键帧中旋转尾部羽毛实例并修改位置。

1. 将播放头移动到 tail_feathers 图层的中间关键帧（第 7 帧）。

2. 选择自由变换工具，并选中尾部羽毛实例。此时，将在尾部羽毛周围出现控制点。

3. 顺时针轻微旋转小鸟的尾部羽毛，以便羽毛的根部与小鸟的身体拼接上。也可以使用变换面板（"窗口" > "变换"）来将尾部的羽毛旋转大约 -15°，如图 10.8 所示。

图10.8

此时关键帧（第 7 帧）中就包含了一个和第 1 个与最后 1 个关键帧角度略有不同的尾部羽毛实例。

10.3.4 应用传统补间

下面把传统补间应用于"时间轴"上的两个关键帧之间。

1. 用鼠标右键单击或按 Ctrl 键单击第 1 个和第 2 个关键帧之间的任意一帧，从出现的菜单中选择"创建传统补间"，如图 10.9 所示。

这样，Flash 将会在第 1 个和第 2 个关键帧之间创建补间，在面板中由一个蓝色背景下的箭头表示，如图 10.10 所示。

图10.9

图10.10

2. 用鼠标右键单击或按 Ctrl 键单击第 2 个和最后 1 个关键帧之间的任意一帧，从出现的菜单中选择"创建传统补间"。

Flash 将会在第 2 个和最后 1 个关键帧之间创建补间，在面板中也由一个蓝色背景下的箭头标示，如图 10.11 所示。

3. 按 Enter 键，或单击"时间轴"下方的播放按钮来预览动画效果。

可以看到 Flash 创建了一个贴合小鸟身体其他部位的尾部羽毛，展现了上升或下降的流畅动画效果，如图 10.12 所示。

图10.11　　　　　　　　　　　　　　　　　　图10.12

10.3.5　为群山创建动画效果

现在，已经成功地为小鸟的尾部羽毛添加了传统补间。下面在主"时间轴"上为群山添加动画效果。

1. 通过单击灰色编辑栏顶部的 Scene 1 按钮，退出元件编辑模式。

2. 在主"时间轴"上，插入名为 landscape 的新图层。将新图层拖至 bird 图层下方，sky 图层上方，如图 10.13 所示。

3. 将名为 mountains 的图形元件从库面板拖至"舞台"。在"属性"检查器中，将该实例的位置设为 $x=0$, $y=246$，使得元件底部与"舞台"的底部边缘对齐，如图 10.14 所示。

图10.13　　　　　　　　　　　　　　　　　图10.14

4. 为所有图层添加 30 个帧（按 F5 键），如图 10.15 所示。

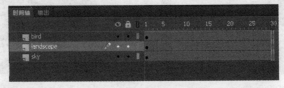

图10.15

5. 选中 landscape 图层的第 30 帧，插入新的关键帧（按 F6 键），如图 10.16 所示。

这样，Flash 将在第 30 帧插入一个关键帧，其中包含了 mountains 实例的副本。

图10.16

6. 在第 30 帧向左移动群山图像至 $x=-800$ 处，如图 10.17 所示。

这时，mountains 实例的右边缘应该于"舞台"的右边缘对齐。图形的左右边缘是匹配的，这样当动画循环播放时，就会出现无缝的群山滚动效果。

图10.17

7. 用鼠标右键单击或按 Ctrl 键单击第 1 个和第 2 个关键帧之间的任意一帧，从出现的菜单中选择"创建传统补间"，如图 10.18 所示。

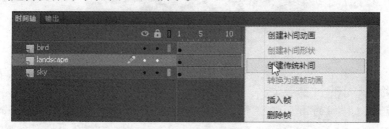

图10.18

这样，Flash 将会在第 1 个和第 2 个关键帧之间创建补间，在面板中由一个蓝色背景下的箭头表示。

8. 按 Enter 键或单击"时间轴"下方的播放按钮以预览动画效果。

此时，注意到 Flash 在飞翔的小鸟下方创建了群山移动的流畅动画效果，如图 10.19 所示。

9. 要向动画中增添一些复杂性设计，可以添加另一个 mountains 图层。插入名为 landscape_ back 的新图层，将其拖至 landscape 图层下方。

10. 向"舞台"上拖动 mountains 元件的另一个实例。在"属性"检查器中，将宽度（w）设为 2000 像素，高度（h）设为 200 像素，并将其位置设为 $x=0$，$y=200$，如图 10.20 所示。

图10.19   图10.20

11. 在 landscape_back 图层的第 30 帧插入新的关键帧（按 F6 键）。

12. 在最后的关键帧上，将 mountains 实例移至 x=-1000 处。

13. 用鼠标右键单击或按 Ctrl 键单击第 1 个和第 2 个关键帧之间的任意一帧，从出现的菜单中选择"创建传统补间"。

这样，Flash 将会在第 1 个和第 2 个关键帧之间创建补间，在面板中由一个蓝色背景下的箭头表示。

14. 按 Enter 键或单击"时间轴"下方的播放按钮以预览动画效果。

此时，注意到第二个群山图像从右向左移动，但是略慢于前背景中的图像，从而创建了一种视差效果，如图 10.21 所示。

图10.21

导出传统补间的优秀实践和约束示例说明

带有传统补间的图层在整个补间过程中只能包含一个元件实例。如在 tail_feathers 图层中有 3 个关键帧，每个都包含了一个尾部羽毛图像的实例。如果要在"时间轴"上使用另一个不同的元件实例创建新的传统补间，就需要在新的图层中进行相应操作。

Toolkit for CreateJS 可以通过已发布的 JavaScript 代码导出图层名称并引用。因此，所有图层都需要一个独一无二的名称，这样就可以让导出的文件便于阅读和使用。

在 bird_flight 影片剪辑中的动画结构和主"时间轴"是使用 Toolkit for CreateJS 制作动画的一个优秀示例，因为在动画中每个移动的身体部位或场景部分，都是一个可使用传统补间的独立实例。

10.4 导出到 HTML5

将创建的动画导出到 HTML5 和 JavaScript 的过程非常简单直接，可从"窗口"菜单中直接打开 Toolkit for CreateJS 面板，其中包含了所有的发布选项。

1. 选择菜单"窗口" > "Toolkit for CreateJS"，或直接按 Shift+F9 组合键，如图 10.22 所示。此时，将出现 Toolkit for CreateJS 窗口，如图 10.23 所示。

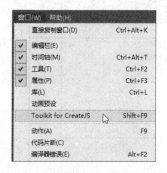
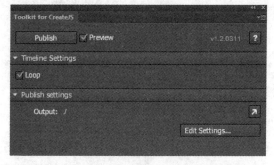

图10.22　　　　　　　　　　　　　图10.23

FL | **注意**：需要注意的是，Toolkit for CreateJS 插件只有英文版，暂时没有中文版本。

---

2. 确保勾选了"Preview"（预览）和"Loop"（循环）选项。勾选预览选项后，将会自动打开默认浏览器以显示发布的动画。"循环"选项可以让动画循环播放。

3. 单击"发布"按钮，或选择菜单"命令" > "Publish for CreateJS"，这样，Flash 将会把动画作为 HTML 和 JavaScript 文件导出，并在浏览器中播放该动画。

10.4.1 理解输出文件

默认设置会创建两个文件，一个包含驱动动画代码的 JavaScript 文件，另一个则是可以在浏览器中显示动画的 HTML 文件。Flash 将会将这两个文件发布在 Flash 文件所在的同一个文件夹中，如图 10.24 所示。

图10.24

1. 在文本编辑器（如 Dreamweaver）中，打开 10_workingcopy.html 文件，如图 10.25 所示。

HTML 文件可以从 http://code.createjs.com 网站下载所需的 JavaScript 库。该文件还可以为 10_workingcopy.js 中的动画下载 JavaScript 代码。该 HTML 文件初始化后，会在一个名称为 <canvas> 的 HTML5 标签下播放动画。

```
1   <!DOCTYPE html>
2   <html>
3   <head>
4   <meta charset="UTF-8">
5   <title>CreateJS export from 10_workingcopy</title>
6
7   <script src="http://code.createjs.com/easeljs-0.8.0.min.js"></script>
8   <script src="http://code.createjs.com/tweenjs-0.4.0.min.js"></script>
9   <script src="http://code.createjs.com/movieclip-0.6.0.min.js"></script>
10  <script src="10_workingcopy.js"></script>
11
12  <script>
13  var canvas, stage, exportRoot;
14
15  function init() {
16      canvas = document.getElementById("canvas");
17      exportRoot = new lib._10_workingcopy();
18
19      stage = new createjs.Stage(canvas);
20      stage.addChild(exportRoot);
21      stage.update();
22
23      createjs.Ticker.setFPS(30);
24      createjs.Ticker.addEventListener("tick", stage);
25  }
26  </script>
27  </head>
28
29  <body onLoad="init();" style="background-color:#D4D4D4">
30      <canvas id="canvas" width="800" height="400" style="background-color:#FFFFFF"></canvas>
31  </body>
32  </html>
```

图10.25

2. 在文本编辑器（如 Dreamweaver）中，打开名称为 10_workingcopy.js 的 JavaScript 文件。

这里的代码使用了 CreateJS JavaScript 库，从而包含了所有用于创建图像和动作的信息。浏览代码可以发现，这里包含了动画内容中所有的指定数值和坐标。

10.4.2　发布设置

在 Toolkit for CreateJS 窗口中的设置可以修改发布文件所在的位置和发布方式。

1. 在 Toolkit for CreateJS 窗口的"Publish Settings"（发布设置）栏单击"Edit Settings"（编辑设置）按钮。此时，将会出现"Publish Settings"（发布设置）对话框，如图 10.26 所示。

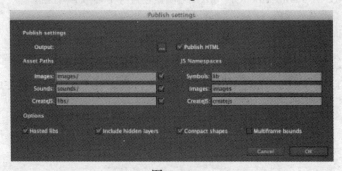

图10.26

2. 单击"Output"（输出）按钮以将发布文件保存到其他文件夹中。

3. 如果想要将资源保存到其他文件夹，可以修改资源路径。如果文件中包含图像,需要在"Asset paths"（资源路径）栏勾选"Images"（图像）选项;如果文件中包含声音,需要勾选"Sounds"（声音)选项,如图 10.27 和图 10.28 所示。如果之前在 10_workingcopy.fla 文件的 sky 图层中,替换了一个位图图像的渐变色,在导出文件时,Flash 就会创建一个名称为 images 的文件夹,它包含了该位图图像。

图10.27   图10.28

如果没有勾选"Hosted libs"选项,那么需要勾选"Asset paths"(资源路径)栏中的"CreateJS"选项。

4. 该选项可告知发布的文件在哪里可以找到 CreateJS JavaScript 库。勾选该选项后,发布的文件就会指向 http://code.createjs.com 的 CDN(内容分布网络)以便下载各种库。而如果不勾选该选项,Flash 包含的是 CreateJS 中的各种 JavaScript 库。

5. 对于其他选项,保留默认选项即可满足需求。

10.5 插入 JavaScript 代码

最优化的工作流是使用 Toolkit for CreateJS 插件来输出在 Flash 中创作的动画资源(assets),然后让开发人员通过使用 JavaScript 代码来集成添加其他的交互设计。

但是,也可以直接将一些 JavaScript 代码添加到 Flash 的"时间轴"上,然后导出到发布的 JavaScript 文件中。

在动作面板中,使用"/* js"符号表示 JavaScript 代码的开始,使用"*/"符号表示 JavaScript 代码的结束。在"时间轴"上使用少量的 JavaScript 代码,可以通过 easelJS MovieClip 类的命令 play()、gotoAndStop()、stop() 和 gotoAndPlay() 来控制"时间轴"。

 注意:更多关于easelJS MovieClip 类的JavaScript命令,可以查阅以下网站地址中的文档:http://www.createjs.com/Docs/EaselJS/classes/MovieClip.html。

10.5.1 停止播放头

现在,动画中的小鸟已经可以在飞翔时不断地张开和闭合自己的鸟喙。下面,将要向"时间轴"中添加 JavaScript 代码,以便让小鸟的鸟喙保持闭合状态,直到用户单击它为止。首先,需要赋予"舞台"上的动画相应的实例名称,然后添加停止命令。

1. 在"舞台"上选中小鸟的影片剪辑实例。

2. 在"属性"检查器中,将实例名称设为 redrobin,如图 10.29 所示。

可以为影片剪辑实例提供一个独一无二的实例名称,以便使用 ActionScript 代码或 JavaScript 代码进行控制。

3. 双击 redrobin 实例。这时,Flash 将会进入该影片剪辑元件的元件编辑模式。

图10.29

4. 选中小鸟的鸟喙,在"属性"检查器中,将实例名称设为 beak,如图 10.30 所示。

5. 返回主"时间轴"，插入名称为 actions 的新图层，如图 10.31 所示。

图10.30

图10.31

6. 选中 actions 图层的第 1 个关键帧，然后打开动作面板。

7. 在动作面板的第一行输入"/* js"符号，如图 10.32 所示。

斜线和星号通常表示一个多行注释的开始。"js"则是 Toolkit for CreateJS 的一个标志，它将一段多行注释视作 JavaScript 代码。

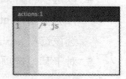

图10.32

8. 在动作面板的下一行中，输入以下语句：

```
this.redrobin.beak.stop();
```

该语句的目标是 beak 影片剪辑实例，它嵌套在 redrobin 影片剪辑实例中，用于停止播放头。

由于 JavaScript 编程中有 scope（作用域）的概念，因此不能像 ActionScript 代码一样直接编写 redrobin.beak.stop()。在 JavaScript 代码中，需要使用 this 关键词使该语句处于更高优先级，即针对当前的"时间轴"使用。

在下一行中，输入"*/"以表示 JavaScript 代码的结束，如图 10.33 所示。

9. 在 Toolkit for CreateJS 窗口中，单击"Publish"（发布）按钮，或在 Flash Professional 中选择菜单"命令" > "Publish for CreateJS"，如图 10.34 所示。

这样，Flash 就会将动画和"时间轴"中的 JavaScript 代码一起作为 HTML5 文件和 JavaScript 文件导出。于是，小鸟将会拍打翅膀，群山不断移动，但是小鸟的鸟喙仍是闭合的，这是因为有指向 beak 实例"时间轴"的 stop() 命令。

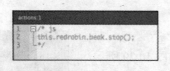

图10.33

图10.34

10.5.2 为单击动作添加响应

下面，要为鼠标单击事件添加一个事件侦听器，然后移动 beak 实例"时间轴"上的播放头以便播放一条信息。

1. 选中 actions 图层的第 1 个关键帧，然后打开动作面板。

2. 如图 10.35 所示，在动作面板的 JavaScript 注释内添加以下语句：

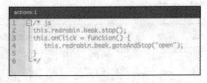

图10.35

```
this.onClick = function() {
 this.redrobin.beak.gotoAndStop("open");
}
```

当用户单击某个元素时，就会发生 onClick 事件。在该语句中，鼠标单击事件会使 beak 实例"时间轴"的播放头移动到帧标签为 open 的位置。

3. 在库面板中双击 beak 影片剪辑元件。此时，将进入 beak 影片剪辑的元件编辑模式。

4. 插入名为 labels 的新图层。

5. 在第 10 帧插入一个关键帧（按 F6 键），然后在"属性"检查器中，将帧标签设为 open，如图 10.36 所示。

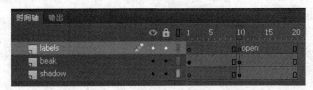

图10.36

此时，在 labels 图层的第 10 帧，将会出现一个小旗帜图标，表示存在帧标签。

6. 插入一个新图层，命名为 message，如图 10.37 所示。

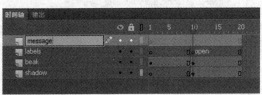

图10.37

7. 在第 10 帧插入一个关键帧（按 F6 键），并将名称为 message 的元件从库面板中拖到"舞台"上。将该图形放置在小鸟张开的鸟喙前方，如图 10.38 所示。

当 Flash 显示了标签为 open 的帧时，小鸟的鸟喙是张开的，并出现了"Eat at Joes!"信息。

8. 在 Toolkit for CreateJS 窗口中，单击"Publish"（发布）按钮，或在 Flash Professional 中选择菜单"命令" > "Publish for CreateJS"。

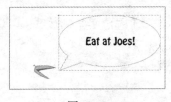

图10.38

图10.39

这样，Flash 就会将动画和"时间轴"中的 JavaScript 代码一起作为 HTML5 文件和 JavaScript 文件导出。当用户单击动画时，小鸟的鸟喙将会打开，并且出现了信息对话气泡，如图 10.39 所示。

 注意：createJS JavaScript库引用"时间轴"上的帧时，起始为0号，Flash则是从编号1开始的。因此，导出的JavaScript代码中的帧编号要比在Flash中看到的个数少1。正因为如此，Adobe推荐设计者使用帧标签来导航"时间轴"，而不是帧编号。

ActionScript和JavaScript

由于"时间轴"上的JavaScript代码位于多行注释中，因此动作面板既可包含ActionScript代码又可包含JavaScript代码，如图10.40所示。Flash在将文件编译为SWF文件时，会忽略JavaScript代码；Flash使用Toolkit for CreateJS插件导出文件时，会忽视ActionScript代码。

```
1   /* js
2   this.redrobin.beak.stop();
3   this.onClick = function() {
4       this.redrobin.beak.gotoAndStop("open");
5   }
6   */
7
8   import flash.events.MouseEvent;
9
10  redrobin.beak.stop();
11  stage.addEventListener(MouseEvent.CLICK, openmouth);
12  function openmouth(e:MouseEvent):void{
13      redrobin.beak.gotoAndStop("open");
14  }
```

图10.40

功能兼容性警告

要使用Toolkit for CreateJS插件发布动画时，需要注意输出面板中出现的信息和推荐处理方法。

```
WARNINGS:
Text support is limited. It is generally recommended to include text as HTML elements (see DOMElement).
Feature not supported: Custom eases. (14)
Feature not supported: Color effects. (4)
Frame numbers in EaselJS start at 0 instead of 1. For example, this affects gotoAndStop and gotoAndPlay calls. (4)
Input and static text fields are published as dynamic text fields.
```

图10.41

当Flash出现一些功能无法被导出或在JavaScript代码中无法正常执行时，Flash会出现警告并罗列这些相应的功能，如图10.41所示。

10.6　复习

复习题

1. 什么是 Toolkit for CreateJS 插件？

2. 如果要使用 Toolkit for CreateJS 插件导出动画，为什么一般推荐使用传统补间？

3. 什么是传统补间？

4. 如何在 Flash 文件中使用 JavaScript 代码来添加交互设计？

复习题答案

1. toolkit for CreateJS 插件可以将 Flash 中的内容发布为 HTML5 文件。它既利用了 Flash 强大的动画和绘图工具能力，还可以将其发布为 HTML5 文件和 JavaScript 文件，以便在浏览器中使用。它通过使用一整套开放的源 JavaScript 库（EaselJS、TweenJS 和 SoundJS）来输出动画。

2. toolkit for CreateJS 插件支持补间动画和补间形状，但是 Flash 会将其转换为逐帧的动画，并增大导出的 JavaScript 代码文件的大小。传统补间作为一种计时补间，可通过 JavaScript 代码来保存文件的尺寸大小，还可以动态地控制动画。

3. 传统补间是一种创建动画的老方法，它和补间动画非常相似，和补间动画相同，传统补间使用的也是元件实例。两个关键帧之间的元件实例如果发生变化，可插入这种变化以创建流畅的动画。另外，还可以修改实例的位置，将其旋转、缩放和变换，对其使用色彩效果或滤镜效果。

4. 可以直接将一些 JavaScript 代码添加到 Flash 的"时间轴"上，然后导出到发布的 JavaScript 文件中。在动作面板中，使用"/* js"（多行注释）符号可以表示 JavaScript 代码的开始，再使用"*/"符号表示 JavaScript 代码结束。Flash 在将文件编译为 SWF 文件时，会忽略 JavaScript 代码；Flash 使用 Toolkit for CreateJS 插件导出文件时，会忽视 ActionScript 代码。尽量只在 Flash 的"时间轴"上使用 JavaScript 代码做一些简单的帧导航动作，因为大多数的交互设计应该在完成导出过程后，再添加到 JavaScript 文件中。

第**11**课 发布Flash文档

课程概述

在这一课中，将学习如何执行以下任务：

- 理解各种 Flash 的运行时环境
- 修改文档的发布设置
- 发布一个 Web 工程
- 理解 Web 发布的输出文件
- 检测 Flash Player 的更新版本
- 发布桌面的 AIR 应用
- 在 AIR Debug Launcher 中测试手机的响应情况
- 了解其他的测试方法，如 USB 设备和 iOS 仿真器
- 手机设备应用发布的设置配置
- 理解 Adobe Scout 分析 Flash 内容的方式

　　完成本课的学习大约需要 2 小时，请从光盘中将文件夹
Lesson11 复制到硬盘中。

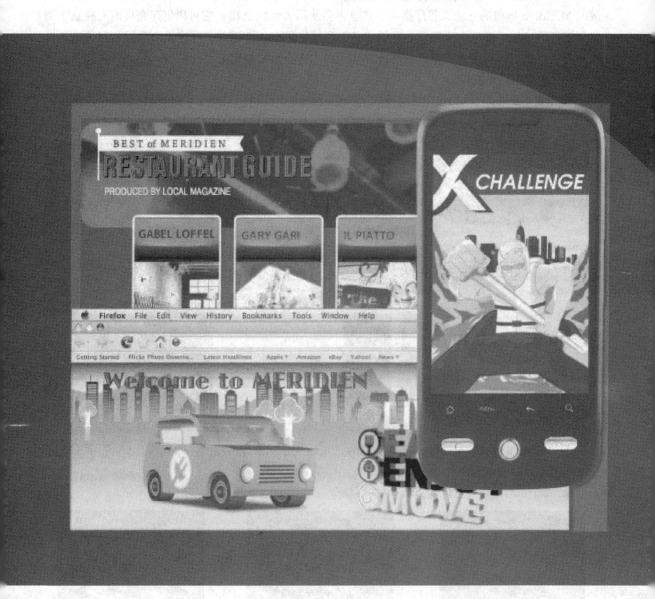

　　完成 Flash 工程之后，可以将它转换为多种格式，并在多种不同的设备和环境中测试并发布。这样，只需一次设计就可以通过 Flash 将其发布在任意的位置。

11.1 开始

在本课中，将会发布一些已经完成的工程，以便学习各种输出选项。第一个工程是一个虚构城市 Meridien 的动画横幅，发布它以便在桌面浏览器中回放。第二个工程则是在之前的课程中完成的 Meridien 城市的互动式餐厅指南，这里将会使用 Adobe AIR，它可以创建在桌面上独立于浏览器运行的应用。第三个工程将在手机设备上测试它的交互性设计，在这里会学习如何将动画发布到手机设备上，当然并不是真的这样操作，因为并不需要指定的硬件设备，但是许多设备开发人员和供应商都已经授权。

1. 双击 Lesson11/11Start 文件夹中的 11Start_banner.fla 文件、11Start_restaurantguide.fla 文件和 11Start_mobileapp.fla 文件，以便打开这些文件，如图 11.1 和图 11.2 所示。

图11.1   图11.2

这 3 个工程相对都很简单，每个工程的"舞台"分辨率都不相同，而且符合发布后回放时所在的环境。

2. 每个工程的"属性"检查器中的"目标"各不相同，如图 11.3 至图 11.5 所示。

图11.3   图11.4   图11.5

横幅广告的"目标"是 Flash Player 11.7，餐厅指南的"目标"是 AIR for Desktop，而手机应用的"目标"是 AIR for Android。

11.2　调试过程

在处理完成 Flash 文件之前，还需要考虑发布前的调试过程。调试是开发过程中需要掌握的技能，在创建内容时要及时测试影片，这样识别出现问题的原因时就会更加简单。如果完成每段操作后都随时测试，就可以清楚自己的错误并及时修改，减少以后的错误量。因此，最好的做法就是"早测试，常测试"。

快速预览影片的方法是选择菜单"控制">"测试影片">"在 Flash Professional 中"（或按 Ctrl+Enter 组合键或 Command+Return 组合键）。发布 Flash 文档时，如果"目标"是 Flash Player，那么测试影片命令就会在 FLA 文件所在的位置创建一个 SWF 文件，以便可以在 Flash 应用中直接播放和预览该影片。这时，并没有创建用于 Web 浏览器播放影片所需的 HTML 文件。

确定已经完成影片或其中的部分时，最好可以再次确认所有的元素是否各在其位，各司其职。

FL　注意：测试影片模式下，默认影片可以循环播放。要使SWF文件在浏览器中播放方式不同，可选择不同的发布选项，或添加ActionScript代码以停止"时间轴"。

1. 检查工程的故事板或其他描述工程目标和需求的文档。如果没有这样的文档，在浏览影片时编写一个描述目标期望的文档，包括动画时长信息、影片中的按钮或链接、影片的内容等。

2. 使用故事板、项目需求或编写的描述文件来编写一个检查列表，用于验证影片是否符合需求。

3. 选择菜单"控制">"测试影片">"在 Flash Professional 中"。影片播放时，将其和检查列表比对，然后单击按钮和链接，确认是否符合需求。这时需要考虑到所有用户可能会遇到的情况。这一过程叫做 QA（Quality Assurance）。在大型工程中，也被称为"beta 测试"。

4. 对于使用 Flash Player 播放的影片，选择菜单"控制">"测试影片">"在浏览器中"，以导出可在浏览器中播放的、可预览影片的 SWF 文件和 HTML 文件。

此时，将会打开浏览器并播放最终的影片。

5. 将两个文件（SWF 文件和 HTML 文件）上传至自己的 Web 服务器，就可以将 Web 网址发给同事或朋友，以便帮助测试该影片。可以要求他们在不同的计算机和浏览器上播放该影片，以确保已经完成了所有所需文件和影片符合检查列表中的各个要求。还可以鼓励测试人员将自己视作影片的目标群体来观看该影片。

如果工程需要其他媒体，如 FLV 或 F4V 视频文件、视频的皮肤文件或加载的外部 SWF 文件，就需要将它们随 SWF 文件和 HTML 文件一起上传，放在相同位置，如同最初设计时它们在硬盘中的相对位置一样。

6. 如有需要，可对影片做出最后的修改和纠正。上传修改后的文件，要再次测试以确保符合需求。整个重复的测试、修改及纠正过程可能听起来并不有趣，但这是发布一个成功的 Flash 工程过程中非常重要的一部分。

清除发布缓存

通过选择菜单"控制">"测试影片">"在Flash Professional中"生成SWF文件来测试影片时，Flash将会把工程中所有字体和声音的压缩副本置入发布缓存中。再次测试影片时，如果字体和声音没有改变，Flash将会使用缓存中的内容以加速SWF文件的导出过程。但是，也可以通过选择菜单"控制">"清除发布缓存"来手动清除这些缓存。如果要清除缓存后再测试影片，可以选择菜单"控制">"清除发布缓存并测试影片"。

11.3 理解发布过程

发布是生成让用户可以播放最终 Flash 工程所需的文件的过程。Flash Professional CC 是一个设计软件，与影片播放所在的环境并不相同。在 Flash Professional CC 中可以设计内容；在目标环境中，如使用桌面浏览器或手机设备可以在播放时观看其中的内容。所以开发人员区别了"设计时环境"和"运行时环境"。

Adobe 为回放 Flash 中的内容提供了多种运行环境。Flash Player 是 Flash 在桌面浏览器上运行的环境。最新版本 Flash Player 11.7 支持 Flash Professional CC 中的所有新功能。而 Flash Player 作为一个免费插件，支持大多数浏览器和平台，在 Google Chrome 浏览器中，Flash Player 已经被安装，并会自动更新。

Adobe AIR 是另一个播放 Flash 内容的运行环境。AIR (Adobe Integrated Runtime) 不需浏览器，可直接从桌面运行 Flash。将其设为发布目标时，可设置为直接运行和安装该应用，也可将其设为待安装程序。还可以发布一些 AIR 应用，以便在浏览器不支持 Flash Player 的 Android 设备和 iOS 设备（如 iPhone 或 iPad）上安装并运行。

11.4 Web 发布

如果要发布 Web 影片，需要将发布目标设为用于 Web 浏览器的 Flash Player。而在 Web 中播放 Flash 时，需要一个用于 Flash Player 的 SWF 文件，以及一个告知 Web 浏览器如何播放 Flash 内容的 HTML 文档。因此，需要向 Web 服务器中上传这两种文件以及 SWF 文档所引用的其他文件（如 FLV 或 F4V 视频文件、皮肤文件）。默认情况下，发布（Publish）命令会把所有需要的文件保存到同一个文件夹中。

发布影片时，可指定各个选项，包括是否需要检测用户电脑上安装的 Flash Player 的版本。

FL ｜ 注意：在"发布设置"对话框中修改各个选项时，Flash会将其随文档一起保存。

11.4.1　指定 Flash 文件的设置选项

可自行决定 Flash 发布 SWF 文件的方式，如播放时所需求的 Flash Player 版本、影片显示和播放的方式等。

1. 打开 11Start_banner.fla 文件。

2. 选择菜单"文件">"发布设置"，或直接单击"属性"检查器的"配置文件"栏中的"发布设置"按钮，如图 11.6 所示。

图11.6

图11.7

这时，将出现"发布设置"对话框，如图 11.7 所示。其顶部是常规设置，左侧是各种格式选项，而右侧则是所选格式的其他设置选项。此时，已经勾选了"Flash (.swf)"和"HTML 包装器"格式。

3. 在"发布设置"对话框顶部，选择一个 Flash Player 版本，如图 11.8 所示，最新版本是 Flash Player 11.7。

图11.8

较早的播放器版本可能不支持 Flash Professional CC 中的一些功能。如果要使用 Flash 最新的功能，需要选择 Flash Player 11.7。如果目标观众群并没有安装最新的 Flash Player 11.7，就可以选择 Flash Player 的较早版本。

4. 注意到"脚本"栏的设置是 ActionScript 3.0，这是最新版本，也是 Flash Professional CC 支持的唯一版本。

5. 在对话框的左侧选择"Flash (.swf)"格式。这时，SWF 文件的选项将会出现在对话框右侧。展开"高级"栏，可以看到更多选项，如图 11.9 所示。

6. 如果需要，还可修改输出文件的名称和位置。在本课示例中，将输出文件的名称保留为 11Start_banner.swf。

7. 如果影片中包含了位图，可为 JPEG 压缩等级设置一个全局

图11.9

JPEG 品质参数，范围可以从 0（最低品质）～ 100（最高品质）。默认值为 80，在本课中保留即可，如图 11.10 所示。

 注意：在每个导入的位图的"位图属性"对话框中，可以在"发布设置"中修改 JPEG品质设置，也可以为该位图选择一个单独应用设置。这样就可以有针对性地发布高品质图像，如让高品质的人物图像与低品质的背景质地同时存在。

8. 如果影片中包含了声音，单击"音频流"或"音频事件"右侧的值，以修改音频压缩品质参数，如图 11.11 所示。

图11.10   图11.11

比特率越高，影片声音的音质就会更好。在这个交互海报影片中并没有声音，因此不需要修改其中的设置。

9. 确保勾选了"压缩影片"复选框，以减小文件尺寸和下载时间，如图 11.12 所示。

默认选项是 Deflate，而 LZMA 的 SWF 文件压缩程度更高。如果工程中包含了许多 ActionScript 代码和矢量图像，就可以通过这一选项大量缩减文件的尺寸。

10. 在对话框的左侧勾选"HTML 包装器"选项。

 注意："启用详细的遥测数据"（Enable Detailed Telemetry）选项可以提供Adobe Scout 的信息，这是一个可以分析、展示Flash内容性能及其详细信息的应用。稍后就会看到关于Adobe Scout的边栏，或访问网址http://gaming.adobe.com/technologies/scout/ 以查阅更多信息。

11. 确保在"Template"（模板）菜单栏选择"Flash Only"（仅 Flash）选项，如图 11.13 所示。

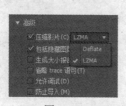

图11.12   图11.13

11.4.2 检测 Flash Player 的版本

可以在用户的计算机上自动检测 Flash Player 的版本；如果不是所需版本，将会自动弹出提示框提醒用户下载最新版本。

1. 选择菜单"文件">"发布设置"，或单击"属性"检查器中的"配置文件"栏的"发布设置"按钮。
2. 在对话框的左侧选择"HTML 包装器"格式。
3. 勾选"检测 Flash 版本"复选框，如图 11.14 所示。
4. 在"版本"文本框中，可以输入要检测的 Flash Player 早期版本。
5. 单击"发布"按钮，再单击"确定"按钮以关闭对话框。这样，Flash 就会发布 3 个文件，如图 11.15 所示。

图11.14

Flash 将创建一个 SWF 文件，一个 HTML 文件以及一个名为 swfobject.js 的文件（包含了用于检测指定 Flash Player 版本的 JavaScript 代码）。如果用户计算机的浏览器中没有之前在"版本"文本框中输入的 Flash Player 早期版本，就不会显示 Flash 影片，而是显示一个信息框。这 3 个文件都需要上传到 Web 服务器中，以便用户播放影片。

图11.15

11.4.3 修改播放设置

要修改 Flash 影片在浏览器中播放的方式有多个选项可供选择。"HTML 包装器"格式中的"大小"和"缩放"设置可以共同决定影片的大小、变形尺寸和裁剪区域。

1. 选择菜单"文件">"发布设置"，或单击"属性"检查器中的"配置文件"栏的"发布设置"按钮。
2. 在对话框的左侧选择"HTML 包装器"格式，如图 11.16 所示。
- 在"大小"菜单中选择"匹配影片"项，以便播放 Flash 影片时，它的大小与在 Flash 的"舞台"上的大小一致。这是 Flash 工程中的常用设置。
- 在"大小"菜单中选择"像素"项，可以为 Flash 影片选择不同的像素值。
- 在"大小"菜单中选择"百分比"项，可以为 Flash 影片选择在浏览器窗口中所占的百分比。
3. 单击"缩放和对齐"旁的小三角展开图标，以展开其中的高级设置，如图 11.17 所示。

图11.16

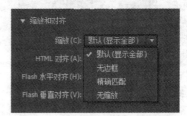

图11.17

- 在"缩放"菜单中选择"默认（显示全部）"选项，使得影片在浏览器窗口中可以不需缩放或变形即可显示所有内容。该选项适合大多数的 Flash 工程。而且当用户缩小浏览器，该内容仍会显示，只不过会随窗口有所裁剪，如图 11.18 所示。
- 在"缩放"菜单中选择"无边框"选项，可以让影片一直适合浏览器窗口的大小，而不需裁剪影片内容以适合窗口的大小，如图 11.19 所示。

图11.18

图11.19

- 在"缩放"菜单中选择"精确匹配"选项，可将影片的水平和垂直方向均缩放为适合浏览器窗口的大小。该选项下的影片并不会显示其背景颜色，但影片内容可以缩放变形，如图 11.20 所示。
- 在"缩放"菜单中选择"无缩放"选项，无论浏览器如何变化均可保持影片的大小尺寸，如图 11.21 所示。

图11.20

图11.21

11.4.4　修改回放设置

可以修改设置，以改变 Flash 影片在浏览器中播放的方式。

注意：通常来说，与在"发布设置"对话框修改"回放"设置相比，用ActionScript代码来控制Flash影片要更好些。如要在影片一开始暂停它，可以在"时间轴"的第1帧添加stop()命令；要使影片循环播放，可以在"时间轴"末尾添加gotoAndPlay(1)命令。这样，测试影片时（"控制">"测试影片">"在Flash Professional中"）所有需要的功能都已就位，而不需等待到发布影片时。

1. 选择菜单"文件">"发布设置"，或单击"属性"检查器中的"配置文件"栏的"发布设置"按钮。

2. 在对话框的左侧选择"HTML 包装器"格式，如图 11.22 所示。

图11.22

• 选择"开始时暂停"选项，可以使影片在起初暂停。

• 取消选择"循环"选项，影片仅会播放一次。

• 取消选择"显示菜单"选项，这样在浏览器中用鼠标右键单击或按 Ctrl 键单击 Flash 影片时，就不会出现文本菜单。

11.5 发布桌面应用

大多数计算机的浏览器中都已经安装了 Flash Player，但是可能也会将影片发布给没有安装 Flash Player 或安装了较老版本的用户，也可能需要影片在没有浏览器的环境下运行。

这时，可将影片输出为 AIR 文件，它将在用户的桌面上安装成一个应用，Adobe AIR 是一个更加兼容的运行环境，支持更多功能。

11.5.1　创建 AIR 应用

通过 Adobe AIR，可以将 Flash 的内容创建为一个应用，以便用户在桌面上观看。

1. 打开 11Start_restaurantguide.fla。这是在第 6 课中创建完成的交互式餐厅指南工程，其中背景图像略作了修改。

2. 在"属性"检查器中，"目标"设置为 AIR 3.6 for Desktop，如图 11.23 所示。AIR 3.6 是 Adobe AIR runtime 的最新版本。

图11.23

3. 单击"目标"旁边的"编辑应用程序设置"扳手图标，将会打开"AIR 设置"对话框，如图 11.24 所示。

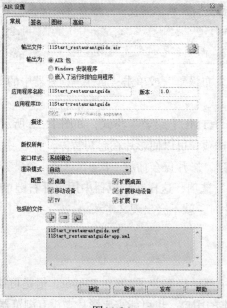

图11.24

另外，还可以从"发布设置"对话框中打开"AIR 设置"对话框。只需单击"目标"旁的"播放器设置"扳手图标按钮。

4. 在"常规"选项卡中检查以下设置：

"输出文件"栏显示发布的 AIR 安装程序名称为 11Start_restaurantguide.air。"输出为"选项中有 3 种选择，用于创建 AIR 应用。

- "AIR 包"可以创建一个独立于平台的 AIR 安装包。
- "Mac 安装程序/Windows 安装程序"将会创建用于指定平台的 AIR 安装包。
- "嵌入了运行时的应用程序"创建的应用，不需要安装包或 AIR 运行环境。

5. 在"应用程序名称"文本框中，输入 Meridien Restaurant Guide，如图 11.25 所示，这就是设计出的应用名称。

6. 在"窗口样式"菜单中，选择"自定义镶边（透明）"选项，如图 11.26 所示。

图11.25

图11.26

7. 单击"AIR 设置"对话框顶部的"签名"选项卡，如图 11.27 所示。

创建 AIR 应用需要签名证书,这样用户可以信任和识别开发人员创建的 Flash 内容。在本课中,并不需要官方签名授权证书，所以可以创建自己设计的签名证书。

8. 单击"证书"旁边的"新建…"按钮。

9. 现在可以在空白的文本框中输入相关信息。将"发布者名称"设为 Meridien Press,"组织单位"设为 Digital,"组织名称"设为 "Interactive"。在"密码"和"确认密码"栏输入自己的密码,然后将文件保存为 meridienpress。单击"文件夹 / 浏览"按钮以将其保存在选择的文件夹中。然后单击"确定"按钮，如图 11.28 所示。

图11.27

图11.28

这样，就会在计算机上创建自行设计的签名证书（.p12），如图 11.29 和图 11.30 所示。

图11.29

meridienpress.p12

图11.30

确认填写"密码"栏（此处的密码必须要与之前创建签名证书时的密码一致），之后在本课中还需要使用到它。同时还要确认勾选了"时间戳"，如图 11.31 所示。

10. 现在单击"AIR 设置"对话框顶部的"图标"选项卡，如图 11.32 所示。

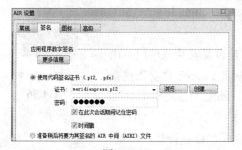

图11.31

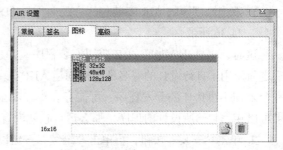

图11.32

11. 选择"图标 128 × 128",然后单击文件夹图标。

12. 导航到 11Start 文件夹内的 **AppIconsForPubilsh** 文件夹,然后从中选择 restaurantguide.png 文件,如图 11.33 所示。

restaurantguide.png 文件中的图像将会作为应用在桌面上的图标。

13. 最后,单击"AIR 设置"对话框顶部的"高级"选项卡。

14. 在"初始窗口设置"中,将 x 值设为 0,y 值设为 50,如图 11.34 所示。

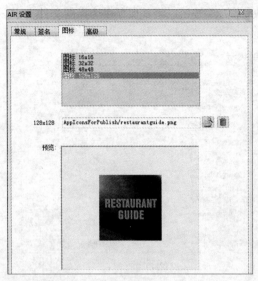

图11.33

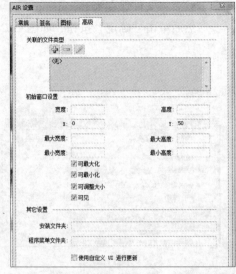

图11.34

这样,发布应用时窗口就会与屏幕的左侧对齐,距离顶部 50 像素的位置。

15. 单击"发布"按钮。这样,Flash 就会创建一个 AIR 安装包(.air),如图 11.35 所示。

图11.35

11.5.2 安装一个 AIR 应用

AIR 安装包是独立于平台的,但需要用户的系统中已经安装了 AIR 运行环境。

1. 双击刚创建的 AIR 安装包,它的名称是 11Start_restaurantguide.air,如图 11.36 所示。

这时,将打开 Adobe AIR 应用安装程序,并且询问是否要安装该应用。由于之前使用了自行设计的签名证书来创建 AIR 安装包,因此 Adobe 会警告这是一个未知不可信任的开发程序,可能存在潜在安全威胁,如图 11.37 所示。(如果可以相信自己所设计的程序,那么运行它就没有问题。)

2. 单击"安装"按钮,再单击"继续"按钮以确认其中的默认设置。

这样，名称为 Meridien Restaurant Guid 的应用就安装成功，并会自动打开，如图 11.38 所示。

图11.37 图11.38

可以注意到该应用确实位于屏幕 $x=0$，$y=50$ 的位置，而且此时"舞台"是透明的，所以图像元素会悬浮在桌面上，就像其他的应用外观一样。

3. 通过按 Alt+F4 组合键或 Cmd+Q 组合键即可退出应用。

11.6 发布适用于手机设备的影片

还可以将影片发布为适合 Android 系统或 iOS 系统手机设备的应用。要发布这样的 Flash 内容，需要将"目标"设为 AIR for Android 或 AIR for iOS，以便创建一个用户可以下载并安装在相应设备上的应用。

11.6.1 测试手机 app 应用

创建一个适用于手机设备的应用，要比创建一个桌面应用更复杂，因为它需要获得指定开发人员的授权签名证书，如图 11.39 所示。另外，还需要考虑到要在另一个独立的目标设备测试和调试的时间和精力。但是，Flash Professional CC 也提供了几种可以帮助测试手机应用的方法：

- 可以在 Flash 的手机设备仿真器中，即在 AIR Debug Launcher 中测试手机的交互性设计。SimController 和 AIR Debug Launcher 一起使用可以仿真一些特定的交互性，如使用加速器来倾斜设备和各种触屏的方法（如滑动、单击）或使用地理定位功能。
- 对于 iOS 设备，Flash 可以在本地的 iOS 仿真器中发布 AIR 应用来进行测试，以便在桌面上仿真手机应用。

图11.39

FL 注意：iOS仿真器是苹果XCode开发工具的一部分，可以在App商店免费下载。

- 使用 USB 将手机设备连接到电脑，Flash 就可以将 AIR 应用直接发布到手机设备上。

注意：在iOS设备上测试应用，就可以成为苹果的iOS开发人员项目中的一份子，进行应用开发、分布应用和提供签名证书。拥有签名证书就可以在iOS设备中安装应用进行测试，并将应用上传到iTunes商店。

11.6.2　仿真手机应用

下面，将在 Flash Professional CC 中使用 Adobe SimController 和 AIR Debug Launcher 仿真手机设备上的应用。

1. 打开 11Start_mobileapp.fla 文件。

这个工程是一个很简单的应用，它含有 4 个关键帧，用于宣传 Meridien 城市的一项虚构的赛事，如图 11.40 所示。

该工程已经包含了需要的 ActionScript 代码，观众可以单击"舞台"以便前往下一帧或前一帧。

图11.40

查看动作面板中的代码。这段代码是通过代码片段面板添加的，包含了许多可以用于手机设备的交互性设计代码片段，如图 11.41 所示。

```
1   stop();
2   /* Swipe to Go to Next/Previous Frame and Stop
3   Swiping the stage moves the playhead to the next/previous frame and stops the movie
4   */
5
6   Multitouch.inputMode = MultitouchInputMode.GESTURE;
7
8   stage.addEventListener (TransformGestureEvent.GESTURE_SWIPE, fl_SwipeToGoToNextPreviousFrame);
9
10  function fl_SwipeToGoToNextPreviousFrame(event:TransformGestureEvent):void
11  {
12      if(event.offsetX == 1)
13      {
14          // swiped right
15          prevFrame();
16      }
17      else if(event.offsetX == -1)
18      {
19          // swiped left
20          nextFrame();
21      }
22  }
```

图11.41

2. 在"属性"检查器中，"目标"是 AIR 3.6 for Android，如图 11.42 所示。

图11.42

3. 选择菜单"控制" > "测试影片" > "在 AIR Debug Launcher（移动设备）中"，如图 11.43 所示。

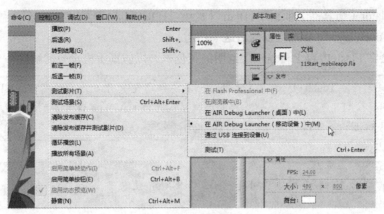

图11.43

FL | 注意：在Windows系统中，使用AIR Debug Launcher时可能会出现一个安全警告，单击"允许"即可给予权限继续操作。

这个工程会将影片发布到新窗口中。另外，还会打开SimController，为Flash内容的交互性设计提供各种选项，如图11.44所示。

图11.44

4. 在 Simulator（仿真器）面板中，单击以展开"TOUCH AND GEDTURE"（触摸和手势）栏。

5. 勾选"Touch layer"复选框以激活这一功能。

该仿真器会在 Flash 内容上覆盖一层透明的灰色框，以仿真手机设备的触屏。

> **FL** | **注意**：勾选"Touch layer"复选框时，不要移动含有Flash内容的窗口（AIR Debug Launcher，ADL），否则，仿真器的触摸层就无法与ADL窗口对齐，也就无法精确地测试手机上的互动设计。

> **FL** | **注意**：要修改触摸层的不透明度，可以修改Alpha值。

6. 选择"Gesture"（手势）>"Swipe"（划动），如图 11.45 所示。

现在，仿真器激活了滑动功能的互动设计。面板底部的说明（Instruction）会提示如何仅通过鼠标来创建交互设计。

7. 在 Flash 内容上按住 touch layer（触屏层）向左拖动，然后松开鼠标。

黄色的点表示手机设备触摸层上的接触点，如图 11.46 所示。

这样，工程可以识别划动动作，然后就会出现第 2 个关键帧。

图11.45

图11.46

8. 向左滑动或向右滑动，Flash 就会后退一帧或前进一帧。

11.6.3　发布一个手机应用

最后，要检查 Flash 中的设置以便发布 iOS 手机应用，发布 Android 手机应用也会有相似的设置。

由于篇幅限制，这里就不再赘述。下面将会看到发布应用和上传应用到 iTunes 商店过程所需的签名证书、资源和配置文件。

1. 在 Flash 中，选择菜单"文件" > "新建"，对话框中的"类型"选择 AIR for iOS，然后单击"确定"按钮，如图 11.47 所示。

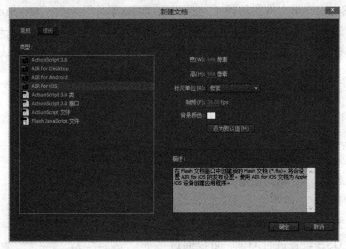

图11.47

Flash 将会创建一个新的 Flash 文件，类型为 iOS 系统的 AIR 应用。它的"舞台"大小为 640 像素 ×960 像素，"目标"为 AIR 3.6 for iOS。

2. 单击"目标"旁的扳手图标。于是，将出现"AIR for iOS 设置"对话框。

3. 单击"常规"选项卡，如图 11.48 所示。

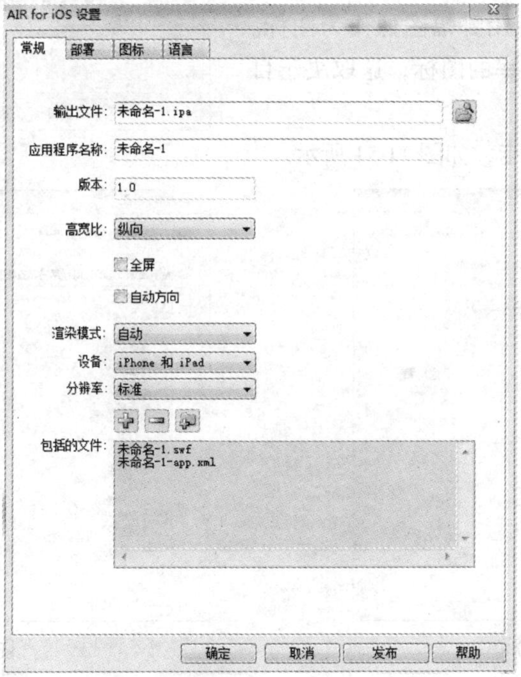

图11.48

"常规"选项卡包含了关于输出文件和常规设置的信息，发布的文件扩展名是 .ipa。其中，可以选择不同的"高宽比"、"设备"（iPhone 或 iPad）和"分辨率"。iOS simulator SDK 文本框中的是用来测试的 iOSSimulator 文件的路径（"控制" > "测试影片" > "在 iOS Simulator 中"）。文件中包含两个必须的文件（.swf 文件和 .xml 文件），另外如有需要还可以添加其他的关联文件。对于 iOS 应用，还可以添加指定文件名的 PNG 文件来作为应用启动时的图像如默认的 @2x.png，它会在加载应用时出现。

4. 单击"部署"选项卡，如图 11.49 所示。

"部署"选项卡中包含了测试发布的信息。"证书"和"供给配置文件"是作为一个签名授权的 Apple 开发人员所必需的文档。它将授权已知可信任的开发人员，以便 Apple 和其他潜在客户可以信任、购买和下载所开发的应用。

iOS 的"部署"类型表示发布应用的多种方式，如可以通过连接的 USB 设备进行测试，可以通过各种设备（无线网）进行测试，也可以最终将应用发布到 iTunes 商店。整个开发过程的每个阶段都需要不同的证书和发布过程。

5. 单击"图标"选项卡，如图 11.50 所示。

"图标"选项卡中的设置，可以指示 Flash 在移动设备上表示应用时使用哪幅图像作为图标。那么，需要提供不同分辨率的图标，这取决于目标设备是哪一个。

6. 单击"语言"选项卡，如图 11.51 所示。

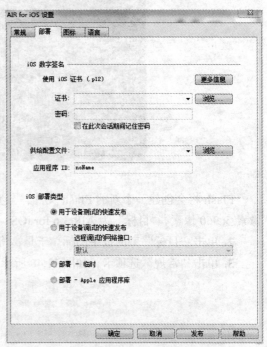

图11.49

图11.50

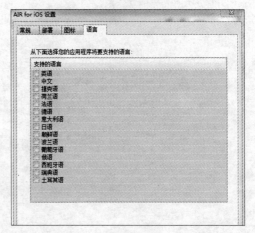

图11.51

"语言"选项卡中支持多种语言。

通过Adobe Scout测试Flash的内容

Adobe Scout是用于分析Flash内容和性能的高级工具。不论是在浏览器中，还是在手机设备上，使用Adobe Scout都可以评估和优化所有Flash的内容。

Adobe Scout是一个可以通过Creative Cloud安装的独立应用程序。Adobe Scout可以查看Flash Player场景下的信息，如CPU和内存的使用情况、影片保持或落后的帧速率，如图11.52所示。

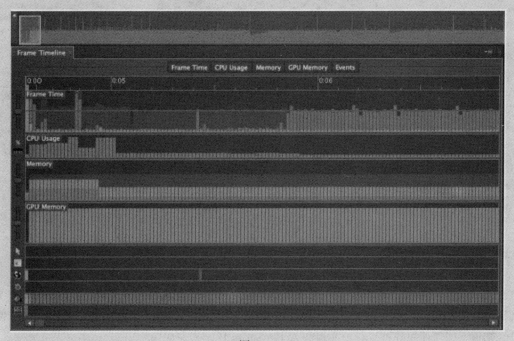

图11.52

有两种使用Adobe Scout的方法：运行SWF时，它的详细信息将会自动出现在Adobe Scout中。

但是，由于安全的原因，Adobe Scout仅会显示关于SWF的基本信息。如需更多高级的信息，就要激活详细的遥测数据。激活时需要在Flash文件的"发布设置"中单击"启用详细的遥测数据"（Enable Detailed Telemetry）选项，如图11.53所示。

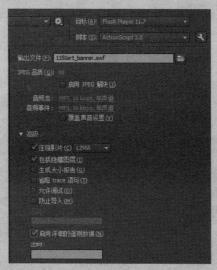

图11.53

一旦激活这一选项，发布的SWF文件就可以让Adobe Scout获得更多细节信息。更多如何使用Adobe Scout的信息，请访问Adobe的官方网站。

11.7 下一步

在完成最后一课时，已经看到了 Flash Professional CC 在正确的创意完成后的各种功能。它可以创建丰富的多媒体互动式工程，最终还可将其在多个平台上运行。现在已经完成了所有的课程，也已经知道了如何使用各种工具、面板和 ActionScript 代码来完成应用。

但是，这之后还有许多东西需要学习。可以通过创作自己的动画或互动式网站来继续锻炼自己的 Flash 技能。可以通过寻找网上的 Flash 项目或探索手机设备上的应用来寻找灵感。还可以查看 Adobe Flash Help 中的资源和其他优秀的 Adobe 经典教程手册来扩充自己的 ActionScript 代码知识。

11.8 复习

复习题

1. 设计环境和运行环境有什么不同?

2. 为了确保最终的 Flash 影片可以在 Web 浏览器的 Flash Player 中播放,需要将哪些文件上传到服务器中?

3. 如何辨别用户安装的 Flash Player 版本?而这又为什么很重要?

4. 测试一个要在手机设备上播放的 Flash 文件,有哪些方法?

5. 什么是签名证书,在发布 AIR 应用时为什么需要它?

复习题答案

1. 设计环境指的是创建 Flash 时所在的环境,如 Flash Professional CC。运行环境指的是为观众回放 Flash 内容时的环境。Flash 内容的运行环境可以是桌面浏览器中的 Flash Player,可以是左面的 AIR 应用,也可以是移动设备。

2. 要确保影片在 Web 浏览器中可以如期望那样播放,需要上传 SWF 文件和 HTML 文档来通知浏览器如何播放 SWF 文件。还需要上传 swfobject. js 文件,以及需要的关联文件,如视频或其他 SWF 文件,并确保它们的相对位置(通常与最终的 SWF 文件在同一个文件夹中)与在硬盘中的位置一样。

3. 在"发布设置"对话框的 HTML 选项卡中勾选"检测 Flash 版本",以便可以在用户计算机上自动检测 Flash Player 的版本。

4. 要为一个手机设备检测 Flash,可以在 AIR Debug Launcher 中检测("控制">"测试影片">"在 AIR Debug Launcher(移动设备)中")。与之一起的 SimController 可以仿真手机的多种交互性功能,如单击、滑动动作等。也可以将 Flash 项目直接发布到一个连接的 USB 设备(Android 或 iOS)中。另外,也可以在本地的 iOS Simulator 中测试一个 iOS 应用,方法是选择菜单"控制">"测试影片">"在 iOS Simulator 中"。

5. 签名证书是一份授权文档，作为数字签名，可以从认证机构购买。这份证书可以让你得到用户的信任，以便在商店下载和安装桌面的 AIR 应用，或在 Android 或 iOS 系统中安装 AIR 应用。